TRAITÉ PRATIQUE

DE

L'ART DE BATIR EN BÉTON.

Montauban, Imprimerie de FORESTIÉ Oncle et Neveu, Place Royale.

TRAITÉ PRATIQUE

DE

L'ART DE BATIR EN BÉTON,

OU

RÉSUMÉ DES CONNAISSANCES ACTUELLES

SUR LA NATURE ET LES PROPRIÉTÉS

DES MORTIERS HYDRAULIQUES ET BÉTONS ;

ET

EXPOSITION DES PROCÉDÉS A SUIVRE

POUR EMPLOYER CETTE ESPÈCE DE MAÇONNERIE, EN REMPLACEMENT DE TOUTE AUTRE,

DANS LES TRAVAUX PUBLICS ET DANS LES CONSTRUCTIONS PARTICULIÈRES ;

par F.-M. LEBRUN, Architecte,

Chevalier de la Légion-d'Honneur, Membre de la Société d'encouragement
pour l'Industrie nationale.

—————————— ⋄⟆⟅⟆⋄ ——————————

PARIS,

CHEZ **CARILIAN-GOEURY ET V.ᵉ DALMONT**, ÉDITEURS,

Libraires des Corps royaux des Ponts-et-Chaussées et des Mines, Quai des Augustins, 41.

1843.

TABLE DES MATIÈRES.

INTRODUCTION.

PREMIÈRE PARTIE.

CONNAISSANCE DES MATÉRIAUX ; COMPOSITION, MANIPULATION ET EMPLOI DU BÉTON.

CHAPITRE PREMIER.

CHAPITRE DEUXIÈME.

CHAPITRE TROISIÈME.

CHAPITRE QUATRIÈME.

DEUXIÈME PARTIE.

EMPLOI DU BÉTON DANS LES CONSTRUCTIONS EN GÉNÉRAL.

CHAPITRE PREMIER.

CHAPITRE DEUXIÈME.

TROISIÈME PARTIE.

EXPLICATION DÉTAILLÉE DE QUELQUES OUVRAGES EXÉCUTÉS PAR L'AUTEUR.

CHAPITRE PREMIER.

CHAPITRE DEUXIÈME.

CHAPITRE TROISIÉME.

Errata—pag. 146—Lisez *chapitre quatrième*, au lieu de *chapitre cinquième.*
—pag. 154 — lisez *art.* III , au lieu *d'article* II.

INTRODUCTION.

Avant les importantes découvertes de M. Vicat sur les pro
priétés des chaux hydrauliques employées en immersion et à
l'air libre, on avait cherché à retrouver le prétendu secret de
Romains pour la composition des bons mortiers : et alors, san
s'occuper nullement de la nature des pierres à chaux et de leu
constitution chimique, on avait pensé que le durcissement de
mortiers dépendait d'une toute autre cause, que l'on attribuai
principalement au mode d'extinction des chaux et de manipula
tion des mortiers.

Les procédés Loriot, Lafaye, Fleuret et quelques autre
constructeurs, sont tous basés sur ce même principe, qu'au moyer
d'un mode particulier d'extinction de la chaux, de quelle nature

qu'elle soit, on peut obtenir des mortiers propres aux constructions hydrauliques et à toute espèce d'ouvrages. Cette erreur, long-temps accréditée, a été reproduite naguère au sein de l'académie des sciences ; et des hommes graves et d'une science profonde ont pensé, avec l'auteur de la proposition, que toute espèce de chaux pouvait servir à faire de bons mortiers.

Je suis complètement de l'avis de M. Vicat, sur l'inefficacité absolue des chaux grasses pures employées à la constitution des bons mortiers, quel que soit le procédé dont on prescrive l'usage, tant pour l'extinction de ces sortes de chaux que pour le mode de manipulation des mortiers. Cette opinion est partagée par le plus grand nombre, pour ne pas dire par tous les ingénieurs ; elle est parfaitement démontrée par le soin qu'ils apportent à rechercher et à préférer les chaux hydrauliques pour les maçonneries même non-immergées.

On admettra sans peine, je le pense, que la force de cohésion des mortiers dépend surtout du degré de dureté des hydrates de chaux. Cela non contesté, il ne s'agirait plus que de savoir lequel des deux hydrates de chaux grasse ou de chaux hydraulique acquiert, dans un temps donné, la plus grande fermeté possible. Tous les constructeurs sont d'accord aujourd'hui à cet égard sur la préférence qui est due aux chaux hydrauliques : au bout de quelques mois, elles se comportent comme les pierres calcaires absorbantes dont le parement peut être layé, et qui, par le choc, tombent en éclats ; tandis que les hydrates de chaux grasse peuvent se conserver indéfiniment à l'état de pâte facile à ramollir. Léon-Baptiste Alberti nous rapporte à ce sujet, *avoir vu de la chaux dans une vieille fosse qui avait été abandonnée depuis environ 500 ans, comme le faisaient conjecturer plusieurs indices manifestes; que cette chaux était encore si moite, si bien délayée et si mûre, que le miel et la moëlle des bêtes ne le sont davantage, et qu'on n'eût rien pu trouver de meilleur pour la construction de toutes sortes d'ouvrages.*

Par ces motifs, les mortiers à chaux grasses pures ne sauraient convenir pour la constitution des bétons, je ne cesserai de le répéter : je ne m'occuperai donc pas de cette espèce de chaux dans le cours de cet ouvrage ; et si j'en parle quelquefois, ce ne sera que pour indiquer les ingrédiens qui, mélangés avec ces chaux, peuvent donner de bons mortiers. Il y a des contrées, d'ailleurs, où les chaux hydrauliques manquent complètement : force il y a donc alors d'employer la chaux grasse pour la fabrication de la chaux hydraulique artificielle, ou mélangée avec des ciments.

Lorsqu'en 1835 je publiais mon premier essai sur l'emploi du béton dans les constructions en général, il était encore en question si cette maçonnerie pouvait servir à la construction des ponts de toute espèce et de toutes dimensions. Je n'avais alors aucun exemple à rapporter d'ouvrages de ce genre faits par des constructeurs anciens ou modernes : quelques-uns de ceux-ci avaient dit, il est vrai, que le béton pouvait être employé à la construction des voûtes de ponts ; mais aucun n'avait encore osé en tenter l'essai. Moi aussi j'avais la ferme conviction que des ponts entiers ainsi faits, réuniraient les conditions de solidité désirables, et je pensais en même temps qu'il y aurait économie et une grande facilité d'exécution à faire emploi de cette espèce de maçonnerie à des travaux de ce genre ; mais je me promettais de profiter de la première occasion qui se présenterait pour en faire l'expérience. Cette occasion s'est plusieurs fois offerte, et je l'ai toujours saisie avec empressement.

J'ai fait bâtir deux ponts en béton pour le passage de chemins vicinaux : l'un à Castelsarrasin, l'autre dans la commune de Villemade, département de Tarn-et-Garonne. Ces ponts, de 4 mètres d'ouverture, dont les voûtes, aussi en béton, sont faites de portions d'arc de cercle, sont en service depuis plus de 7 années, et se maintiennent dans l'état d'une solidité parfaite. Je donnerai les détails d'exécution de ces ouvrages.

L'ouvrage le plus important en ce genre est le pont que je viens de faire bâtir sur le canal latéral à la Garonne, à Grisolles, en vertu d'une autorisation spéciale de M. le ministre des travaux publics, sur l'avis favorable du conseil des ponts-et-chaussées. J'entrerai dans les détails les plus minutieux sur tout ce qui concerne cette construction.

Après le succès de cet essai, j'adressai à l'académie des sciences un mémoire détaillé sur cet ouvrage et les circonstances particulières de son exécution : ce mémoire fut l'objet d'un rapport dans la séance du 2 août 1841 ; j'en donnerai ci-après la copie. Je transcrirai à la suite un autre rapport fait, le 18 mai 1842, à la société d'encouragement pour l'industrie nationale, sur le mémoire que j'avais également adressé à cette société.

Je donnerai également la description détaillée de plusieurs autres ouvrages que j'ai faits en *béton :* tels que murs de bâtiments, voûtes de cave, voûtes souterraines, murs de soutènement, etc. J'indiquerai les procédés qui ont été employés pour ces diverses constructions.

Après avoir résolu avec succès la question de l'emploi du béton dans des circonstances variées de constructions en maçonnerie, et surtout pour les voûtes de pont d'une certaine importance, j'ai compris qu'il ne fallait pas laisser dans le secret les moyens que j'avais employés et les procédés dont j'avais fait usage : c'est dans cette intention que j'ai formé le projet d'écrire le présent traité, en le mettant à la portée de l'intelligence de tous les constructeurs.

Dans la *première partie,* je donnerai la définition du *béton* et la désignation des matières qui le composent. — J'examinerai les divers procédés en usage pour l'extinction des chaux hydrauliques, en signalant celui auquel il convient de donner la préférence. — J'expliquerai les procédés de composition, de manipulation et de l'emploi des bétons. — Enfin, j'établirai des bases de calcul qui permettront de se rendre compte en tous lieux du prix de revient d'un mètre cube de béton.

Dans la *deuxième partie*, j'entrerai dans des détails sur les divers ouvrages auxquels le béton peut être utilement employé dans les travaux publics et dans les constructions particulières.

La *troisième partie*, enfin, contiendra la description des divers travaux que j'ai fait exécuter, avec l'indication des procédés mis en pratique. — Un chapitre spécial renfermera les détails de construction du pont de Grisolles. — Et un dernier chapitre sera réservé à l'explication d'un nouveau système de cintres pour les voûtes en maçonnerie, et principalement pour celles en béton.

Je soumettrai sans réserves le résultat de mes succès et de mes erreurs : car, il faut en convenir, celles-ci sont quelquefois aussi utiles que les autres, ne serait-ce que pour indiquer ce qu'il faut faire pour les éviter.

INSTITUT DE FRANCE.

ACADÉMIE ROYALE DES SCIENCES.

Séance du Lundi 2 Août 1842.

ART DES CONSTRUCTIONS. — *Rapport sur un Mémoire relatif à la construction du Pont de Grisolles, sur le Canal latéral à la Garonne, par* M. LEBRUN, *Architecte à Montauban (Tarn-et-Garonne).*

(*Commissaires :* MM. BERTHIER, CORIOLIS ; — HÉRICART DE THURY, *Rapporteur.*)

« M. Lebrun, architecte à Montauban, a présenté à l'Académie, le 17 mai dernier, un Mémoire sur un pont qu'il a construit en béton de mortier hydraulique, à Grisolles, département de Tarn-et-Garonne, sur le canal latéral à la Garonne. L'Académie a chargé MM. Berthier, Coriolis et Héricart de Thury, d'examiner le Mémoire de M. Lebrun, et de lui en rendre compte. Nous venons nous acquitter de ce devoir.

« Après avoir publié en 1835 une brochure sur sa méthode pratique de l'emploi du béton en remplacement de toute autre espèce de maçonnerie dans les constructions, brochure que l'on peut considérer comme un bon et même un très-bon manuel pratique, M. Lebrun demanda à M. le Ministre des Travaux publics l'autorisation de construire à ses frais un pont *monolithe* en béton sur le canal latéral à la Garonne, à Grisolles, suivant le projet et les plans joints à sa demande.

« Sur le rapport du Conseil général des ponts-et-chaussées, M. le Ministre accorda à M. Lebrun, le 24 mars 1840, l'autorisation demandée, mais avec la garantie d'un cautionnement de 1,000 fr., indépendamment du dixième de retenue sur le montant des ouvrages s'élevant, au total, à 26,000 fr.

« La chaux hydraulique employée dans la construction de ce pont provient de la commune de Labourgade.

« Suivant la statistique des chaux du département de Tarn-et-Garonne, de M. Vicat, cette chaux est hydraulique simple : elle contient 15 pour 100 d'argile ; elle est cuite à feu continu avec la houille interposée entre les lits de pierre ; son foisonnement, étant en pâte, a été fixé de 1,30 à 1,40 pour 1 de chaux vive.

« Pour les massifs généraux des culées et des reins de la voûte, M. Lebrun a employé la chaux telle qu'elle sortait des fours, c'est-à-dire sans choix et avec la cendrée ou la chaux réduite en poudre ; mais pour la voûte il n'a pris que la chaux en pierre.

« La condition de n'être remboursé définitivement de ses avances qu'après un certain temps de passage ou d'épreuve sur le pont, obligeant M. Lebrun d'accélérer ses travaux et surtout la prise du béton de la voûte, il crut devoir ajouter 0 m. 06 de chaux éminemment hydraulique ou ciment naturel de Cahors en poudre, contenant 30 pour 100 d'argile, par 0,26 de chaux hydraulique en pâte, servant à la composition de 1 mètre cube de béton ; mais M. Lebrun dit qu'il n'a fait cette addition de chaux hydraulique de Cahors qu'à raison de l'obligation de livrer le passage sur son pont dans le plus court délai possible ; car les autres ponts, murs et voûtes de caves, qu'il construit dans le pays, il les fait en béton de chaux hydraulique simple sans addition de ciment, et leur construction a parfaitement réussi.

« Le procédé d'extinction suivi par M. Lebrun consiste : 1° à introduire dans le bassin la quantité d'eau nécessaire ; 2° à mettre assez de chaux étendue uniformément, de manière que l'eau la recouvre seulement ; 3° on laisse la chaux s'éteindre librement sans la remuer, en plongeant avec un bâton les morceaux fusant à sec ; 4° au bout de deux heures, lorsqu'il n'y a plus de fermentation, on remue avec un rabot de fer pour bien mélanger la chaux éteinte et l'amener à l'état de pâte ferme.

« D'après une pratique de plusieurs années et des expériences multipliées, M. Lebrun a reconnu que les meilleures proportions de mortiers de bétons étaient :

1° Une partie de chaux mesurée en pâte.	1,00
2° Une partie et demie de sable.	1,50
3° Deux parties et demie de graviers.	2,50
Total. . . .	5,00

« Ce pont, commencé en juin 1840, fut terminé dans le mois de septembre, et le cintre de briques, qui supportait la voûte, démoli en janvier dernier ; ainsi, quatre mois et demi après, sans qu'il y ait eu le plus léger surbaissement et aucun mouvement ou affaissement depuis que ce pont est livré à la circulation.

« M. Vergès, ingénieur du canal latéral à la Garonne, dans un certificat du 28 avril dernier, dit : 1° Que le pont construit par M. Lebrun sur ce canal a 12ᵐ d'ouverture entre les culées et une largeur de 6^m d'une tête à l'autre ; 2° que la voûte est un arc de cercle de 12^m de rayon et 1^m,60 de flèche ; 3° que le massif général du pont est construit en béton, à l'exception des angles des culées, et des coussinets, qui sont en pierre de taille, ainsi que des archivoltes, qui sont en maçonnerie de briques ; 4° que la voûte a été exécutée à l'aide d'un cintre formé de quatre couches de briques posées à plat et reliées entre elles avec plâtre et ciment de Cahors : ledit cintre reposant, à la naissance, sur des briques posées en encorbellement ; 5° que la construction des culées et de la voûte, commencée en juin 1840, était terminée en septembre : ainsi, en moins de quatre mois ; 6° que le cintre a parfaitement résisté au poids de la maçonnerie qu'il devait supporter ; 7° que l'économie de ce cintre, comparé à un cintre en charpente, a dû être assez considérable (M. Lebrun estime qu'il aurait coûté, d'après les calculs les plus rigoureux, la somme de 2,400 fr., tandis que le cintre de briques, tout compte fait, n'a coûté que 500 f.); 8° que le cintre a été enlevé quatre mois environ après la construction de la voûte, et que celle-ci n'en a éprouvé aucun tassement appréciable; 9° que les gelées de l'hiver n'ont exercé aucune action sur les parements en béton ; 10° que la pose des trottoirs, celle des garde-corps et même le passage des voitures, n'ont encore produit aucune altération sensible; 11° enfin, que l'essai de M. Lebrun paraît devoir être couronné d'un plein succès.

« *Observations.* — Le succès obtenu par M. Lebrun dans la construction du pont de Grisolles ne pouvait être une question. Il ne pouvait être mis en doute.

« L'art de faire des voûtes et des aires en béton n'est point nouveau. Il remonte à l'antiquité la plus reculée : ainsi, les Tyrrhéniens, les Phéniciens, les Grecs, les Carthaginois, les Romains, construisaient les voûtes et les aires de leurs grands monuments en béton et blocage. On en trouve partout dans les divers pays où ces peuples ont porté leurs armes. Les Romains nous en ont laissé de grands et nombreux exemples, et l'on citera toujours avec admiration, les voûtes du Colysée, du temple de Rome et de la Paix, celles des Thermes de Dioclétien et de Caracalla, celles de la villa Adrienne, celles de la grande piscine de Volterra et du lac Albano, celles de Pompéïa, etc., etc.; mais en tête de ces divers exemples, nous devons mettre les voûtes de notre antique Palais des Thermes, attribué à Constance-Chlore et habité par Julien, sous le nom duquel il est généralement connu, et son aire de 20^m de longueur sur 11 de largeur, joint à une piscine de 10^m sur 5^m, couverte d'une seule voûte en béton et blocage, qui, par ses dimensions, est certainement l'exemple le plus remarquable de tous ceux que présentent les plus grands monuments de l'antiquité, surtout quand on considère que cette aire, au-dessous de laquelle est un caveau de 7^m,50 de longueur sur 3^m de largeur, se soutient, depuis plus de quinze siècles, sans aucun pilier et sans aucun appui, malgré les fardeaux énormes qui n'ont pas cessé de lui faire subir les plus rudes épreuves.

« Dans quelques parties de l'est de la France, on a continué et l'on continue encore à employer le béton et le blocage de pierres pour la construction des voûtes et berceaux de caves; ainsi nous avons vu voûter, dans les départements de l'Ain et du Rhône, des souterrains en béton avec autant de succès que d'économie ; mais les plus beaux exemples de constructions modernes de ce genre, jusqu'au moment où M. Lebrun a construit le pont de Grisolles, étaient indubitablement les voûtes faites, il y a quinze ans environ, au canal de Bourgogne, en ciment de Pouilly, par M. de Lacordaire, ingénieur en chef des ponts-et-chaussées, chargé de la direction des travaux du point de partage de ce canal.

« M. Lebrun, dans une note donnée en appendice à son Mémoire, annonce qu'il a adressé à M. le Ministre de la guerre la proposition d'appliquer le béton aux travaux de fortifications de la ville de Paris.

« Déjà M. Vicat, Ingénieur en chef des ponts-et-chaussées du département de l'Isère, auquel nous devons de si importantes communications sur les chaux hydrauliques et les ciments, avait adressé à l'Académie une note dans laquelle il exprimait le même vœu.

« M. Lebrun, après avoir comparé les prix du mètre cube de maçonnerie en moëllon ou pierre de taille, et en béton, payés pour les travaux de fortification s , dit que l'économie qui résulterait de la substitution du béton serait de 2 fr. 12 cent. par mètre cube, celui du mètre de maçonnerie en moëllon étant de 19 fr. 42 cent., et celui du mètre de béton n'étant que de 17 fr. 30 cent., outre l'avantage qu'il donnerait d'une parfaite homogénéité dans les massifs : homogénéité qu'on ne peut espérer d'obtenir dans toute autre maçonnerie.

« M. Lebrun dit qu'on n'a point à craindre l'action des gelées pour les constructions en béton. Une longue expérience a effectivement démontré que le béton résiste parfaitement à leur action, lorsqu'il a été confectionné avant la mauvaise saison.

« Enfin, quant à la question de la plus grande résistance qu'opposeraient les constructions en béton à l'action des projectiles, que les constructions en moëllon ou pierre de taille, M. Lebrun dit qu'il ne la décidera point, et qu'il pense qu'elle captivera l'attention de la Commission.

« D'après les nombreuses expériences qu'il faudrait faire, les difficultés qu'elles présenteraient, le temps et les dépenses qu'elles exigeraient, la Commission croit devoir s'en rapporter sur cette question aux observations déjà présentées à l'Académie par MM. Piobert et Poncelet sur la résistance des constructions en différents mortiers contre l'action des projectiles.

« *Conclusions.* — La Commission a l'honneur de proposer à l'Académie de remercier M. Lebrun de la communication de son Mémoire sur les constructions en béton du pont de Grisolles, sur le canal latéral à la Garonne, Mémoire digne de l'intérêt de tous les constructeurs civils et militaires. »

Les conclusions de ce Rapport sont adoptées.

REMARQUES SUR CE RAPPORT.

Le succès de mon opération ne pouvait pas être mis en doute, a dit la commission dans son rapport. Grand merci ! maintenant que j'ai couru sous ma responsabilité personnelle toutes les chances d'une expérience dont les résultats pourront être

d'une grande utilité. Disons-le cependant, cette confiance n'exis-
tait pas dans l'esprit d'un très-grand nombre de constructeurs, et
plusieurs d'entre eux, dans leurs dispositions peu bienveillantes
pour tout ce qui tient au progrès des arts, conservaient l'espoir
que mon travail serait infructueux. J'excepte néanmoins de
cette catégorie MM. les ingénieurs des ponts-et-chaussées, parce que, ayant eu souvent dans leurs travaux l'occasion de faire
usage du béton et d'en apprécier la bonté, quoique dans des
circonstances différentes, ils étaient mieux à même de comprendre les avantages que l'on pourrait retirer de cette espèce
de maçonnerie. C'est ainsi que M. Belin, ingénieur en chef du
canal latéral à la Garonne, à Toulouse, pensait que l'on pouvait autoriser l'essai du pont de Grisolles ; que M. de Baudre,
inspecteur divisionnaire, directeur des travaux de ce canal,
émettait un avis favorable, et que le conseil général des ponts-
et-chaussées, après un mûr examen de la proposition, autorisait
l'essai demandé.

Mais ne pourrait-on pas se demander, avec quelque raison,
pourquoi une épreuve de ce genre a tant tardé à se produire ?
Et fallait-il attendre un succès certain, incontestable, à ce que
l'on prétend, pour venir dire ensuite : *Le succès de votre opération ne pouvait être une question ; il ne pouvait être mis en
doute ?*

Je n'ai nullement la prétention d'avoir trouvé une chose nouvelle, que d'employer le béton à des usages différents de ceux
pratiqués de nos jours. Je sais bien que les Romains l'avaient
utilisé dans certaines parties de leurs grands édifices ; mais il
faut dire cependant que c'était moins du béton que de la maçonnerie de *blocage,* entremêlée de chaînes de briques ou de
pierres de taille dans les murs ou les voûtes.

La commission de l'académie des sciences cite en première
ligne des monuments romains auxquels le béton aurait été employé, celui dont on voit encore les restes dans la rue de la

Harpe, à Paris, désigné sous le nom de *Palais des Thermes.* A cet égard, elle n'a pas évité l'erreur dans laquelle d'autres étaient tombés sur l'espèce de matériaux qui constitue cette construction. J'ai visité naguère les ruines de cet édifice, et voici dans quel état je les ai trouvées. Au-dessous du vestibule qui précède la grande salle, est un caveau formé d'une voûte absolument plate, de 7 mètres de longueur, 3 mètres 80 centimètres de largeur, et *trente* centimètres d'épaisseur, recouverte d'une aire ou chappe en béton de 10 centimètres d'épaisseur : *cette voûte est faite en maçonnerie de blocage ,* ou gros moellons noyés dans du mortier. La grande salle a une longueur de 24 mètres sur 12 mètres de largeur : elle est voûtée en trois compartiments, dont celui du milieu, qui forme un carré de 12 mètres de côté, est en voûte d'arêtes ; et les deux autres de chaque côté sont à berceau, en plein cintre. Les faces de cette voûte étaient recouvertes d'un épais crépis en mortier, dont certaines parties, détachées en plusieurs endroits, ont mis à nu les matériaux de la voûte que *l'on reconnaît être de briques ,* sur tout le développement de l'intrados : la partie supérieure de cette voûte est également garnie d'une chappe en béton. On remarque au-dessous de cette salle plusieurs galeries voûtées dont la plus grande n'a pas plus de 3 mètres d'ouverture et en plein cintre : les matériaux de ces voûtes sont de *briques mêlées de moellons* sur 40 centimètres d'épaisseur à la clef. Le dessus de ces voûtes, qui forme l'aire de la grande salle, est recouvert d'une couche de béton de 10 centimètres d'épaisseur.

Les murs de cet édifice sont généralement bâtis en *moellons de petit échantillon,* suivant l'usage des Romains, et, dans quelques parties , mêlés de chaînes horizontales en briques.

On voit par ce qui précède, que le béton proprement dit n'entre en rien dans le massif des voûtes, puisqu'*elles sont faites en briques et blocage :* le béton a été employé seulement à former les aires de la grande salle et du vestibule qui la précède.

Ce que nous avons sous les yeux à Paris des restes des construc_tions romaines, nous donne à penser que les monuments de cette époque, qui existent encore en Italie et dans les divers pays qu'ont habité ces anciens peuples, sont construits de la même manière.

Je sais bien que dans certaines localités de l'est et du midi de la France, on fait usage du *béton* et du blocage de pierres pour la construction des voûtes de caves : dans le midi, on l'emploie aussi pour la construction des caves vinaires. Mais, à part quelques circonstances particulières qui avaient déterminé M. de Lacordaire, ingénieur en chef, à construire des voûtes en béton pour servir d'épreuve à la bonté du ciment de Pouilly, la commission de l'académie reconnaît, et je l'en remercie, que le pont de Grisolles est le plus bel exemple de constructions modernes de ce genre.

La commission a pensé qu'à défaut des expériences qui restent à faire, elle ne devait pas se prononcer sur une note fournie en appendice à mon mémoire concernant la proposition que j'avais adressée à M. le ministre de la guerre, d'appliquer l'usage du béton aux travaux de fortifications de la ville de Paris : elle a cru devoir s'en rapporter à cet égard aux observations déjà présentées à l'académie par MM. Piobert et Poncelet, sur la résistance des constructions en différents mortiers contre l'action des projectiles.

Disons un mot sur ce sujet :

Le 1er octobre 1840 j'adressai à M. le ministre de la guerre une proposition tendant à prescrire l'usage du béton dans les travaux de fortifications de Paris : cette proposition, plus amplement développée dans mes autres lettres à M. le ministre, des 6 mars et 28 mai 1841 et 11 juin 1842, a donné lieu à une réponse définitive, le 27 juillet 1842, de laquelle il résulte que l'on ne peut admettre l'emploi du béton dans ces travaux, parce que le temps n'a pas encore sanctionné l'inaltérabilité des voûtes et parements construits avec cette espèce de maçonnerie, quand ils sont soumis aux influences atmosphériques et aux alternatives fréquentes de gelée et de dégel. Toutefois M. le ministre terminait sa lettre en me disant : « Les utiles travaux que vous « avez dirigés n'en porteront pas moins leurs fruits ; ils ont été « recommandés à l'attention du comité des fortifications, qui en « ordonnera l'exécution dans les circonstances convenables. »

D'un autre côté, M. Vicat émettait le vœu que la chaux hydraulique fut exclusivement employée aux travaux de fortifications de Paris (1). Il disait à ce sujet : « Si l'enceinte bastion- « née destinée à défendre Paris ne devait être cimentée qu'avec « de pareils mortiers (à chaux grasse), l'ennemi en aurait bon « marché , sans recourir même aux pièces de gros calibre ; mais « si , comme on doit le présumer , l'emploi exclusif de la chaux « hydraulique est une condition expresse du devis , si une sur- « veillance active et éclairée empêche d'ailleurs toute fraude « dans la qualité des fournitures , on peut compter que pour « battre en brèche une portion quelconque de cette enceinte , « non pas après vingt ans , mais après *trois ans* au plus , il fau- « dra y lancer autant de boulets qu'il y aura de pierres. »

Dans la séance suivante de la même académie, du 22 fé- vrier , M. Poncelet crut devoir protester, au nom de la science et de l'art qu'il professe, contre ce que ces assertions offrent de trop absolu dans l'application spéciale que M. Vicat en a faite aux travaux militaires. « Je viens déclarer, dit-il, en m'ap- « puyant du témoignage de notre confrère, M. Piobert, dont « personne ne contestera la compétence dans cette matière, « que l'emploi de la chaux hydraulique, qui, pour la place de « Paris, entraînerait à une augmentation considérable de dé- « pense, ne saurait, par lui-même, ajouter aucune propriété

(1) Voir les Comptes-Rendus de l'Académie des Sciences , Séance du lundi 15 février 1842.

« défensive essentielle aux ouvrages de la fortification. Les ex-
« périences sur le tir en brêche, exécutées à Metz, en 1834,
« contre une face d'ouvrage très-solidement bâtie par Vauban,
« avec la meilleure des chaux hydrauliques naturelles que l'on
« connaisse, ces expériences ont prouvé que les chaux de cette
« espèce, malgré tous les avantages qu'elles possèdent d'ailleurs,
« n'ont pas celui que M. Vicat leur attribue, d'accroître, dans
« la proportion qu'il indique, la résistance aux coups des pro-
« jectiles. On conçoit, en effet, que cette résistance aux ébran-
« lements dépend bien plus de la dureté, de la densité, de la
« grosseur, de l'arrangement, et, pour ainsi dire, de la conti-
« nuité des matériaux solides, que de la qualité même des mor-
« tiers.

« D'un autre côté, ajoute M. Poncelet, tous les ingénieurs
« savent très-bien que si cette qualité peut, dans beaucoup de
« circonstances, exercer de l'influence sur la durée des maçon-
« neries ou la diminution des frais d'entretien, elle n'en ap-
« porte qu'une très-faible relativement à la résistance des revête-
« ments à l'action de la poussée des terres, la cohésion ne
« jouant, sous le rapport de la stabilité, un rôle virtuel et ef-
« fectif que dans les circonstances où l'on n'a pas donné aux
« massifs l'épaisseur nécessaire pour leur permettre de s'opposer
« à l'action dont il s'agit, par leur poids seul ; et, à cet égard,
« je pense, aucun constructeur ne tenterait de s'écarter des rè-
« gles jusqu'ici universellement admises, sans s'exposer à un
« blâme justement mérité, ou sans courir des chances extrême-
« ment fâcheuses. »

M. Poncelet termine sa note en disant qu'il n'est nullement
indispensable de construire les massifs des grosses maçonneries
en mortier' hydraulique, pour obtenir des travaux durables
dans les cas d'exposition à l'air libre ; mais que toutefois il n'en
croit pas moins de la plus haute importance, pour la solidité et
l'économie ultérieure des dépenses, que le parement extérieur

de cette sorte d'ouvrages, et leur fondation, dans tous les terrains exposés à l'action des eaux, soient exécutés en bons matériaux, crépis, rejointoyés, tout au moins avec les meilleurs
ciments ou mortiers hydrauliques.

En présence d'une pareille déclaration, M. Vicat ne pouvait
pas garder le silence. En effet, dans la séance du 15 mars, ce
savant ingénieur a dit que si l'on admettait, suivant l'avis de
M. Poncelet, que la qualité du mortier n'ajoute aucune propriété défensive essentielle aux revêtements des places fortes, et
qu'elle n'influe que très-peu sur la résistance des revêtements à
la poussée des terres, la conséquence logique de ces assertions
serait qu'il n'y a aucune nécessité d'employer de la chaux hydraulique aux travaux des fortifications en général; car l'exception admise pour le crépissage et le rejointement des parements,
est un palliatif si minime, qu'on peut le compter à-peu-près
pour zéro. Quoique l'autorité de M. Vicat soit toute puissante
sur cette matière, il veut bien néanmoins s'appuyer de celle de feu
le général Treussart, l'une des notabilités du corps royal du génie.
Cet habile expérimentateur s'exprime ainsi dans le mémoire
qu'il a publié, en 1829, sur les mortiers hydrauliques :

« Si la solidité est la première condition des constructions en
« général, elle est encore, plus particulièrement, la qualité
« essentielle des constructions militaires ; il faut convenir,
« néanmoins, que cette condition a été trop souvent négligée.
« La plupart des ouvrages érigés par Vauban ont maintenant
« besoin d'une *restauration complète ;* et parmi ceux qui ont été
« exécutés depuis, plusieurs exigent déjà de grandes répara-
« tions ; enfin, *des sommes considérables* sont absorbées tous les
« ans par l'entretien de nos forteresses, tandis que cette dé-
« pense serait presque nulle si les ingénieurs eussent mieux
« connu les véritables causes de la solidité.... Dans les édifices
« publics construits en grosses pierres de taille, la solidité dé-
« pend moins de la qualité du mortier que de l'observation des

« conditions d'équilibre et de la bonne qualité des pierres, qui
« doivent être en état de résister à l'intempérie des saisons......
« Mais lorsque les maçonneries sont composées de *petits maté-*
« *riaux,* ainsi que cela a lieu le plus souvent, alors une autre
« condition indispensable à la solidité est la bonne qualité des
« mortiers.....» *(Préface du Mémoire).*

Sur cette même question, M. Treussart s'exprime ainsi au chapitre 14, page 215 de la seconde section:

« Nous sommes dans l'habitude de composer nos mortiers de
« chaux grasse et de sable.; les expériences ci-dessus font voir
« que *c'est un grand tort :* aussi nos maçonneries ont-elles peu
« de durée: on n'obtiendra de maçonneries durables à *l'air* que
« lorsqu'elles seront faites avec du *mortier hydraulique.* Dans
« les pays où l'on trouve de la bonne chaux hydraulique na-
« turelle, *on ne doit point en employer d'autre pour quelque*
« *usage que ce soit.* Pour les maçonneries ordinaires, le mortier
« doit être fait avec *cette chaux et du sable seulement......* Pour
« les pays où l'on ne trouve ni chaux hydrauliques ni arènes
« (Pouzzolanes argileuses)', il faut se déterminer à augmenter
« un peu la dépense et faire le mortier avec de la chaux grasse,
« du *sable* et du *ciment hydraulique* (Pouzzolane)....... Lors
« même que cette dépense devrait être plus considérable, il
« serait certainement plus économique de la faire de suite, pour
« obtenir des maçonneries d'une longue durée, que d'y mettre
« un peu moins de frais, et d'être obligé de les refaire un siècle
« ou deux après. Un gouvernement doit construire pour la pos-
« térité : et je ne doute pas qu'on ne parvienne à ce résultat en
« faisant toutes les maçonneries avec du mortier hydraulique,
« de l'une des manières que j'ai indiquées.»

M. Vicat termine ses observations en faisant remarquer l'exacte coïncidence des conclusions du général Treussart avec celles qu'il publiait, onze ans auparavant, sur *l'insuffisance ab-solue des mortiers à chaux grasse et sable ordinaire.* Il ajoute

que : « Les exemples de mortiers antiques invoqués par M. Hé-
« ricart de Thury ne prouvent évidemment rien en faveur des
« chaux grasses; car chacun sait aujourd'hui que la grande
« dureté de ces mortiers est l'ouvrage de plusieurs siècles.
« Aucun maçon n'ignore qu'après cent ans, les mortiers à chaux
« grasse sont encore frais dans les fondations et au centre des
« gros massifs, et ce n'est très-probablement pas dans la prévi-
« sion qu'elles pourront avoir quelque valeur dans cinq ou six
« siècles, que l'on va ériger des maçonneries destinées, dès à pré-
« sent, à lutter contre les effets destructeurs des intempéries. »

Dans sa réponse à M. Vicat, M Poncelet persiste à soutenir
que les mortiers à chaux grasse doivent être tout aussi résistants
que les mortiers à chaux hydrauliques, à l'action des projectiles, en s'appuyant des expériences authentiques faites sur un
rempart de la citadelle de Metz, bâti avec la meilleure des
chaux hydrauliques que l'on connaisse. Il reconnaît néanmoins,
en principe, que les mortiers et les ciments hydrauliques sont
d'un excellent usage, préférables, à prix égal ou même un peu
supérieur, aux mortiers en chaux grasse ; mais que l'emploi des
mortiers hydrauliques sera toujours, dans chaque localité, su-
bordonné à la question d'économie. M. Poncelet insiste surtout
sur l'opinion qu'il a déjà émise, quant à l'opportunité de faire
en mortier hydraulique les parements et les rejointoiements des
murs, les mortiers à chaux grasse étant suffisamment bons pour
les massifs intérieurs ; car, dit-il, c'est principalement par la
dégradation des parements, par des infiltrations provenant
des parties supérieures, par des alternatives de sècheresse et
d'humidité, d'élévation et d'abaissement de la température, que
les revêtements de la fortification périssent, quand d'ailleurs ils
sont établis suivant la prescription de la science et de l'art.

De cette discussion, de tous points si intéressante pour l'art
des constructions, il est résulté une divergeance très-marquée
d'opinions entre deux savants ingénieurs : l'un, M. Vicat, serait

d'avis que les mortiers hydrauliques fussent employés , à l'exclusion des mortiers à chaux grasse , dans les travaux des fortifications ; l'autre, M. Poncelet, pense que les mortiers à chaux grasse doivent produire un aussi bon effet que les mortiers à chaux hydraulique, pour la solidité et la durée des constructions , en admettant, toutefois, l'emploi de ceux-ci pour les parements et les rejointoiements des murs.

J'ai déjà dit que j'étais complètement de l'avis de M. Vicat sur l'inefficacité des chaux grasses employées à la constitution de bons mortiers : cette déclaration renouvelée suffit sans doute pour faire connaître mon opinion en faveur des assertions de ce savant ingénieur.

Dans les travaux des fortifications de Paris, que j'ai visités sur plusieurs points, les mortiers à chaux hydraulique sont employés généralement à l'exclusion des mortiers à chaux grasse , tant pour les parements que pour les massifs intérieurs. M. Vicat avait donc raison de penser que *l'emploi exclusif de la chaux hydraulique serait une condition expresse des devis.*

Je ne crois pas que M. Vicat ait prétendu que l'emploi des mortiers hydrauliques rendît les maçonneries indestructibles par l'action incessante des projectiles : il a dit que *pour battre en brèche une portion quelconque de l'enceinte des fortifications de Paris, non pas après vingt ans , mais après trois ans au plus , il faudrait y lancer autant de boulets qu'il y aura de pierres.*

En réponse à cette allégation si exacte , M. Poncelet a cité des expériences faites à Metz contre une face d'ouvrages très-solidement bâtie avec du mortier hydraulique , et a dit que ces expériences avaient prouvé que les chaux hydrauliques ne jouissaient pas des avantages que M. Vicat leur attribue, d'accroître la résistance aux coups des projectiles.

Le résultat des expériences citées par M. Poncelet serait sans doute plus concluant , si cet habile ingénieur nous rapportait

que ces épreuves ont été faites comparativement et simultanément sur des maçonneries en mortiers hydrauliques et en mortiers de chaux grasse : alors, et seulement alors, il eût été possible de déterminer la préférence qu'il convient d'accorder à l'une
ou à l'autre de ces deux espèces de maçonneries.

Il faut bien dire, en terminant l'analyse de cette intéressante
discussion sur les mortiers hydrauliques et les mortiers à chaux
grasse, ce qui avait donné lieu à ce débat scientifico-technique. Des
échantillons de mortiers faits, disait-on, avec de la chaux grasse,
il y a vingt-neuf ans, avaient été soumis à l'examen de l'académie des sciences, pour démontrer qu'au moyen d'un certain
procédé d'extinction et de manipulation ces sortes de chaux
obtenaient des propriétés telles, qu'elles pouvaient suppléer aux
chaux hydrauliques dans tous les cas possibles. Un rapport fut
fait sur ces mortiers, et la commission reconnut qu'ils paraissaient très-bons et ne rien laisser à désirer (1). Toutefois, dans
sa séance du 15 février de la même année, la commission, tout
en reconnaissant la supériorité et l'excellente qualité de ces mortiers, crut devoir réitérer ses regrets, précédemment expri-
més, de ce que l'on n'a pas fait connaître *l'origine de cette chaux,
le mode de cuison, la date de la fabrication des mortiers, les
proportions de chaux et de sable, la quantité d'eau, les précautions prises dans l'opération, l'usage ou l'emploi auquel
étaient destinés ces mortiers, enfin tous les détails et toutes les circonstances qui auraient pu en mieux faire juger et apprécier la
qualité.* En l'absence de ces documents, qui, comme on le voit,
étaient absolument nécessaires pour asseoir un jugement positif
sur le mérite des mortiers soumis à son examen, la commission,
n'en a pas moins déclaré qu'au moyen de quelques précautions,
les chaux grasses pouvaient remplacer les chaux hydrauliques pour les divers travaux auxquels celles-ci sont ordi-

(1) Séance du 18 Janvier 1841.

nairement employées. A l'appui de son opinion à cet égard, elle a cité plusieurs constructions romaines qu'elle affirme avoir été faites en mortiers de chaux grasse. Cette assertion se trouve contrariée par plusieurs constructeurs, et surtout par le général Treussart; écoutons ce qu'il dit à ce sujet (page 215) : « Quant à moi, je suis convaincu que si l'on examine avec « attention les mortiers des anciennes constructions qui sont par- « venues jusqu'à nous, on reconnaîtra qu'ils ont été faits, ou avec « de la chaux hydraulique et du sable, ou bien avec de la chaux « grasse et du sable mélangé avec du ciment ou avec des arènes; « en un mot, que ces mortiers ont tous les éléments qui for- « ment les bons mortiers hydrauliques. »

Tout le secret de la transformation des chaux grasses en chaux hydrauliques se trouve, nous dit-on, dans le procédé d'extinction de la chaux ; or, qu'il me soit permis de n'avoir pas une foi entière dans le système préconisé et ses résultats ! Je dirai, avec M. Vicat, que *s'il était vrai, comme on le prétend, qu'en employant un procédé d'extinction particulier, on pût, avec une chaux grasse quelconque et du sable, fabriquer de bons mortiers, il faudrait, dès à présent, donner à ce procédé la plus grande publicité possible, dût-on en payer le secret au prix* d'un million; *car ce sacrifice serait compensé au centuple par l'immense écono- mie que l'emploi exclusif de la chaux grasse apporterait, vu sa nature faisonnante, à l'exécution future de tous les travaux pu- blics.*

Dans l'exposé que je viens de faire, un peu trop longuement peut-être, on voit qu'il n'a été question que des mortiers en dif- férentes chaux, et nullement du béton : c'est cependant ce der- nier objet qui m'occupe plus particulièrement, et auquel je re- viens, puisqu'il a été l'objet de quelques réticences de la part de la commission dans le rapport qui me concerne.

Relativement à la plus grande résistance qu'opposeraient les constructions en béton à l'action des projectiles que les constructions en moellon ou pierre de taille, *la commission croit devoir s'en rapporter sur cette question aux observations déjà présentées à l'académie par MM. Piobert et Poncelet, sur la résistance des constructions en différents mortiers contre l'action des projectiles* (1).

L'expérience rapportée ne peut servir, qu'il me soit permis de le dire, à la démonstration de l'effet des coups des projectiles sur des maçonneries faites en *béton*.

Au bout de peu de temps, une année au plus, un massif en béton, fait en bonne chaux hydraulique et bien manipulé, présente une masse homogène, compacte, et constitue un véritable monolithe : c'est ce qu'il doit suffire de bien comprendre pour apprécier les effets de destruction assimilés aux maçonneries de briques, de moellons ou de pierres de taille. Ici la comparaison n'est pas admissible : on conçoit, en effet, que l'action incessante des coups des projectiles doive produire des ébranlements qui disjoignent ces matériaux et amènent la ruine des murs après avoir formé une brèche, quelque peu étendue qu'elle soit ; tandis que, pour des murs en béton, la même cause ne produira certainement pas les mêmes effets : pour ceux-ci il n'y a pas d'ébranlement possible, puisqu'il n'existe pas de joints, et que le corps de la maçonnerie forme un véritable monolithe, qu'il faudrait pour ainsi dire broyer à coups de projectiles dans toute son étendue.

Mais ce n'est pas seulement sous ce rapport que je proposais l'emploi du béton dans les travaux de fortifications.

La cause de la conservation des monuments romains qui nous restent encore après deux mille ans d'existence, tient plus à la bonne qualité des mortiers qu'à celle des matériaux solides dont ces constructions sont composées. Différents faits observés de nos jours ont démontré cette vérité : de tous les monuments

(1) Séance du 2 août 1841.

dont les Romains couvrirent les pays qu'ils avaient conquis, il ne nous reste que ceux qui avaient été faits avec de bons mortiers ; le temps en a détruits beaucoup d'autres par une cause inverse : et cependant les matériaux solides étaient aussi bons dans les deux cas.

Cela admis, et parfaitement attesté par des faits irrécusables, il n'y a que peu de chose à dire en faveur du béton, destiné à remplacer , dans un très-grand nombre de cas, les maçonneries en matériaux ordinaires.

La cause de destruction vient principalement des gelées, et des circonstances alternatives de pluie et de sècheresse.

Les bétons, confectionnés en bonne saison, c'est-à-dire, de telle sorte qu'ils aient acquis un certain degré de consistance avant les grandes gelées, résisteront ensuite à toutes les intempéries des saisons. L'humidité, que l'on sait être l'agent destructeur des maçonneries quelconques, est, au contraire, favorable au durcissement des bétons. La commission de l'académie des sciences a reconnu cette vérité en disant dans son rapport : « Une longue expérience a effectivement démontré que le béton « *résiste parfaitement* à l'action des gelées, lorsqu'il a été confec- « tionné avant la mauvaise saison. »

Une autre propriété non moins essentielle du béton, est d'être hydrofuge, c'est-à-dire d'être impénétrable à l'humidité , de quelle part qu'elle vienne. Son emploi serait donc non seulement utile pour les murs de revêtements, mais encore pour la construction des voûtes des casemates, ordinairement chargées d'une grande masse de terre. On éviterait par là les inconvénients signalés par M. Poncelet, qu'il reproche avec quelque raison aux constructions anciennes, et qu'il attribue, ainsi que je l'ai déjà dit, à la dégradation des parements, aux infiltrations provenant des parties supérieures, et aux alternatives de sècheresse et d'humidité, d'élévation ou d'abaissement de la température.

Le béton est généralement employé dans les cas où il s'agit de se garantir des infiltrations et de l'humidité. Ainsi , dans quelques circonstances difficiles, on fait des batardeaux entièrement en béton. On est dans l'usage de placer des chappes d'une forte épaisseur de béton sur les voûtes des ponts-canaux. A Paris, les réservoirs bâtis dans la rue Racine , dans la rue Vaugirard , et ceux en construction à l'Estrapade, auprès du Panthéon, sont faits en béton dans toute leur étendue ; ces réservoirs, qui contiennent de grandes masses d'eau, servent à l'alimentation des fontaines de Paris. Le béton est encore employé, s'il s'agit de se garantir des infiltrations, dans les caves ou autres lieux souterrains. Je pourrais citer une infinité d'autres cas pour lesquels le béton peut être d'une grande utilité, mais dont je ne m'occuperai pas dans ce moment.

En considérant le béton sous le rapport de l'économie, je crois pouvoir assurer que dans beaucoup de circonstances il y a avantage à en faire usage. Cette question sera l'objet de mon attention toute particulière, et je l'examinerai sous ses divers rapports avec les matériaux que l'on emploie ordinairement dans les constructions.

La Société d'encouragement pour l'industrie nationale avait reçu de ma part un Mémoire pareil à celui que j'adressais en même temps à l'Académie des sciences. Dans la séance du 18 mai 1842, M. Gourlier fit son rapport au nom du comité des arts économiques. Je crois utile de donner ici la copie de ce rapport.

SOCIÉTÉ D'ENCOURAGEMENT

POUR L'INDUSTRIE NATIONALE.

Séance du 28 Mai 1842.

Rapport, au nom du Comité des Arts économiques, par M. GOURLIER, *sur les Constructions en Béton, de* M. LEBRUN, *Architecte à Montauban (Tarn-et-Garonne).*

Messieurs, j'ai déjà eu plusieurs fois, au nom du comité des arts économiques, à rendre compte des travaux de M. Lebrun, membre de la Société et architecte à Montauban, relativement à l'emploi du béton pour l'exécution de plusieurs constructions, ainsi que d'un manuel qu'il a publié sous le titre de *Méthode pratique pour l'emploi du béton en remplacement de toute autre espèce de maçonnerie dans les constructions en général* (Paris, Carilian-Gœury, 1835).Dans sa séance générale du 6 juillet 1836, la société lui a décerné à ce sujet, une médaille d'argent.

Depuis, M. Lebrun a continué ses utiles efforts pour étendre et faciliter l'application de ce genre de construction, et il a adressé à la société, le 1er mai 1841, les dessins et la description d'un pont sur le canal latéral à la Garonne, à Grisolles, de 12 m. de corde, 1 m. 60 de flèche, et 6 m. de largeur, que, d'après l'autorisation de M. le ministre des travaux publics, il a établi, à ses risques et périls, entièrement en béton, à l'exception des parties angulaires, qui sont en pierre pour les pieds-droits, et en briques pour la voûte.

Dans le mémoire qu'il a adressé à ce sujet à la Société, M. Lebrun, après être entré dans des développements étendus sur les détails de construction de ce pont, fait connaître : 1° que le cube de maçonnerie en béton n'est revenu qu'à 13 fr., tandis qu'il aurait coûté 26 fr., étant exécuté en briques, ainsi qu'il est d'usage dans le pays ; 2° que, tandis qu'un système de cintres en bois aurait entraîné une dépense de 2,400 fr. , il n'a pas coûté plus de 500 fr. étant formé de plusieurs assises de briques superposées à plat suivant la courbe de l'intrados, et maçonnées en plâtre et ciment, selon un système également mis en œuvre par M. *Lebrun* , et pour lequel il a pris un brevet.

Ce mémoire est acompagné de certificats, tant de M. le maire de Grisolles que de M. Vergés, ingénieur des ponts-et-chaussées, qui font connaître :

Que les culées et la voûte ont été construites en quatre mois, et presque entièrement par de simples manœuvres du pays;

Que l'emploi des cintres en briques a eu le plus grand succès, tant à cause de l'avantage de laisser la navigation libre presque immédiatement après la confection du cintre même, que pour la bonne exécution de la voûte, qui n'a pas éprouvé le plus léger mouvement, et enfin la grande économie qui en est résultée comparativement aux cintres en bois, qui auraient été nécessaires; que le pont a parfaitement résisté tant aux parcours des nombreuses voitures qui l'ont traversé pour la rentrée des récoltes en céréales et en vins qu'aux froids rigoureux de l'hiver. Un dernier certificat de M. le maire de Grisolles est du 18 février de cette année, et les constructions ont été terminées au commencement de 1841.

M. Lebrun ajoute aux documents qu'il a déjà publiés *sur les mortiers hydrauliques et les bétons,* des détails tant sur ce mode de construction en lui même que sur la facilité qu'on peut retirer du système de cintres en briques ci-dessus mentionné, ainsi que sur l'application avantageuse qu'il croirait pouvoir être faite de bétons à l'exécution des fortifications, etc.

Ces différentes pièces ont été renvoyées à l'examen du comité des arts économiques, qui s'y est livré avec toute l'attention qu'elles méritent, et qui m'a chargé de vous en rendre compte.

Le comité n'a pu d'abord qu'applaudir au zèle soutenu avec lequel M. Lebrun a poursuivi ses utiles travaux, et motive ainsi de nouvau la récompense que vous lui avez accordée.

Il aurait désiré pouvoir s'occuper d'une manière précise de ce qui concerne le système de *cintres en briques* proposé et déjà mis en œuvre par M. Lebrun; mais, pour cela, des détails comparatifs avec les cintres en bois ordinairement employés, eussent été nécessaires; et sachant que M. Lebrun s'occupe, à ce sujet, d'un travail spécial, nous attendrons qu'il ait pu le terminer. Il est probable, du reste, que les résultats seraient susceptibles de variations en raison des prix respectifs du bois ou de la brique dans tel ou tel pays, du parti qu'on pourrait tirer, dans telle ou telle circonstance, de l'un ou de l'autre, après la démolition du cintre.

Ce qu'on peut considérer comme établi, et par la connaissance générale de ces constructions, et par les certificats produits sur l'emploi qui en a été fait, c'est la possibilité d'employer ces sortes de cintres pour diverses espèces de voûtes, et leur convenance particulière pour les voûtes en béton, pour lesquelles il est bon d'obtenir des surfaces suffisamment lisses, ainsi quelles peuvent résulter de l'emploi des briques. Nous croyons savoir que les ingénieurs chargés de l'établissement des réservoirs publics et autres constructions de ce genre, à Paris, se proposent de faire l'essai de ce système de cintres, et nous pensons qu'indépendamment des nouvelles recherches auxquelles M. Lebrun compte se livrer, il ne pourrait qu'être utile d'appeler sur cet objet l'attention des constructeurs.

Quant au pont de Grisolles, c'est, à notre avis, un emploi notable, fort remarquable du système de construction pour l'application duquel vous avez déjà récompensé M. Lebrun : on peut, à la vérité, citer, dans les constructions anciennes ou modernes, des voûtes d'un aussi grand diamètre, peut-être même d'une dimension plus considérable, soit en béton, soit en blocage; mais si, comme on doit le présumer par les certificats produits, ce pont continue à résister aux chocs et aux mouvements multipliés qui résultent du parcours des voitures, M. Lebrun aura, sans aucun doute, acquis de nouveaux droits à vos encouragements, pour avoir obtenu un résultat aussi remarquable avec une dépense bien moins considérable que celle qu'aurait exigée un pont établi en maçonnerie ordinaire.

A l'égard des renseignements contenus dans le Mémoire que M. Lebrun vous a récemment communiqué et dans les diverses appendices qu'il y a joint, il ne pourrait qu'être désirable qu'il les complétât, ainsi que les autres résultats que son expérience pourra lui fournir, dans une nouvelle édition de l'utile Méthode pratique qu'il a déjà publiée. En attendant, il serait utile d'extraire du Mémoire de M. Lebrun la description, très-claire et très-intéressante, qu'il donne des procédés suivis dans la construction du pont de Grisolles, pour être insérée au Bulletin.

Nous devons dire que, dans son appendice, M. Lebrun insiste sur l'avantage qu'il y aurait à employer le béton pour l'exécution des travaux des fortifications, et ce, en s'appuyant de l'opinion de M. Vicat, et contrairement à celle qui avait été émise, dans le sein de l'Académie des sciences, sur la facilité avec laquelle des fortifications ainsi construites pourraient être détruites par les projectiles. Il ne nous appartient pas d'entrer ici dans une espèce de polémique à ce sujet ; mais peut-être serait-il à désirer que les savants et habiles officiers chargés de faire, sur une grande échelle, des constructions de ce genre, fussent invités à en profiter pour se livrer à des expériences et à des essais susceptibles de résoudre une question d'un si haut intérêt.

En résumé, votre comité des arts économiques a l'honneur de vous proposer :

1° De remercier M. Lebrun de ses nouvelles communications, de le féliciter des succès qu'il a obtenus, et de l'engager à continuer ses utiles travaux et à tenir la Société au courant de leurs résultats ; 2° d'insérer le présent rapport au Bulletin, avec la description des procédés suivis dans la construction du pont de Grisolles, et l'indication graphique tant du pont que du système de cintres qui y a été employé.

Signé Gourlier, *Rapporteur.*

Approuvé en séance, le 18 mai 1842.

Qu'il me soit permis d'exprimer ici ma bien vive reconnaissance à M. Legrand, sous-secrétaire d'état des travaux publics, directeur-général de l'administration des ponts-et-chaussées, pour la manière bienveillante et éclairée avec laquelle il a accueilli et encouragé l'offre de mes essais sur les constructions en béton ; et ne serait-ce pas là un titre, entre mille autres, à la reconnaissance publique due à cet habile homme d'état, que d'avoir admis un simple et modeste architecte à présenter le résultat de ses faibles études, et à travailler dans le champ qu'a enrichi de tant de beaux produits le corps savant des ponts-et-chaussées ?

C'est aux belles recherches de M. Vicat et aux relations directes dont il a bien voulu m'honorer, que je dois, je le proclame ici hautement, les connaissances que j'ai pu acquérir sur les propriétés des mortiers hydrauliques et bétons. La ville de Paris reconnaissante, a décerné naguère à ce célèbre ingénieur une coupe en argent, en témoignage des avantages qu'elle a retirés de ses utiles travaux ; espérons qu'un jour M. Vicat aura reçu le tribut de reconnaissance nationale qui lui est dû à tant de titres.

Si mon livre tombe par hasard dans les mains de MM. les ingénieurs des ponts-et-chaussées, je réclamerai leur indulgence à son égard : je l'ai écrit sans prétention aucune, et dans le seul but d'y rapporter le résultat de mes études et de mes expériences sur la manière d'employer le béton dans les divers cas de construction en maçonnerie, pour les localités privées de matériaux ordinaires, ou qui y seraient d'un prix trop élevé.

TRAITÉ PRATIQUE

DE

L'ART DE BATIR EN BÉTON.

PREMIÈRE PARTIE.

CONNAISSANCE DES MATÉRIAUX ; COMPOSITION, MANIPULATION ET EMPLOI DU BÉTON.

Avant de parler des divers usages auxquels on peut employer les bétons, dans les constructions en général, il est essentiel de donner la définition de cette espèce de maçonnerie, et de désigner la nature et la qualité des différentes matières qui servent à sa constitution.

Il est aussi non moins important d'indiquer les procédés à suivre pour le choix et la préparation de ces matières, comme aussi de faire connaître le mode de composition, de manipulation et de mise en place des bétons.

C'est de cela que je vais m'occuper dans la première partie.

CHAPITRE PREMIER.

DÉFINITION DU BÉTON ; INDICATION DE LA NATURE ET DE LA QUALITÉ
DES MATIÈRES QUI LE COMPOSENT.

ARTICLE 1.er

DU BÉTON.

La maçonnerie de béton se compose d'un mélange de chaux
hydraulique, de sable, de graviers, rocailles ou recoupes de
pierres : le tout combiné dans des proportions convenablement
amalgamées.

On rapporte que les Romains en faisaient un usage fréquent
dans la construction de leurs grands édifices et de leurs chemins.
Mais, depuis ces anciens peuples jusqu'à nos jours, le béton
n'avait été ordinairement employé que pour les ouvrages souterrains ou immergés, et l'on n'avait pas songé à l'utiliser dans
les constructions aériennes, exposées aux intempéries de l'atmosphère : peut-être avait-on pensé que la *chaux hydraulique,*
servant à la constitution des bétons, ne pouvait être utilisée que
dans les constructions hydrauliques, et que, dans toute autre
circonstance, son effet ne pourrait pas être aussi efficace. Aussi
ne trouve-t-on dans les ouvrages des divers auteurs qui ont
traité de l'art de bâtir, que des conseils sur les procédés à suivre
pour la formation des bétons destinés à être immergés ; et l'on
ne découvre nulle part que des constructions en béton aient
été faites pour murs, voûtes ou autres ouvrages au-dessus
du sol.

Quelques-uns ont confondu le béton avec la maçonnerie de
blocage ; mais il est évident que, pour l'un et pour l'autre, il y a
des procédés différents de construction. Pour le béton, les matériaux que l'on mélange avec le mortier n'excèdent pas ordinairement la grosseur d'un œuf, et le tout est préparé sur une aire,

pour ensuite être mis en place. Pour le blocage, il n'en est pas de même: les matériaux sont de dimensions différentes et plus volumineuses; les mortiers sont préparés à part, et interposés dans des couches irrégulières de moellons ou blocailles qui les enveloppent de toute part. Dans l'un et l'autre cas, la solidité de ces maçonneries dépendra toujours du degré d'hydraulicité de la chaux, et, par conséquent, de la bonté des mortiers.

C'est la maçonnerie de blocage principalement que les Romains employaient le plus souvent dans leurs édifices et pour la construction de leurs chemins. On trouve sans doute quelque part du béton proprement dit; mais on remarque que son usage en était restreint aux aires des salles de leurs monuments.

Du temps de Bélidor, a dit M. le général Treussart, on faisait dans l'eau beaucoup de fondations avec des pierres qu'on jetait dans l'endroit où on voulait fonder, et on plaçait, avec ces pierres, du mortier susceptible de durcir dans l'eau. On donnait le nom de *béton* à ce mortier, et cette manière de fonder s'appelait fondations à pierres perdues. Cette méthode avait le grand inconvénient d'exposer à mettre trop de mortier dans des endroits et pas assez dans d'autres, attendu que lorsqu'on fondait à une grande profondeur sous l'eau, on ne pouvait pas voir à bien distribuer le mortier. De nos jours, on a pris le parti, pour éviter cet inconvénient, de concasser les pierres de la grosseur d'un œuf, de les mélanger sur terre avec le mortier qui a la propriété de durcir dans l'eau, et de descendre ce mélange dans les endroits où l'on veut fonder sous l'eau. On a vu qu'on a donné le nom de mortier hydraulique à celui qui a la propriété de durcir dans l'eau, et l'on n'a plus donné le nom de *béton* qu'au mélange de ce mortier avec les pierres concassées. Ainsi, dit M. Treussart, *le béton n'est autre chose qu'une maçonnerie faite avec de petits matériaux*; et en faisant sur terre le mélange du mortier hydraulique avec les pierres concassées, on a le grand avantage d'obtenir dans l'eau un massif bien homogène. On forme ainsi une maçonnerie très-dure, si le mortier hydraulique que l'on a fait est de bonne qualité. On voit donc que la bonté du béton dépend principalement de celle du mortier hydraulique...... J'ignore, ajoute M. Treussart, si l'on a trouvé des constructions romaines dans l'eau, avec de petites pierres; mais on a trouvé des constructions de ce genre faites à l'air : et il est évident que c'est là le béton tel que nous le faisons aujourd'hui.

Après cela, M. Treussart entre dans des détails sur l'emploi du béton en immersion, mais il ne dit rien de ceux qui ont dû servir, de nos jours, à des constructions aériennes. Il explique ensuite dans quelles circonstances le béton pourrait être utilement employé. Je donnerai quelques détails sur ce sujet, lorsqu'il sera question des divers usages que l'on peut faire du béton.

M. Hassenfratz s'exprime ainsi en parlant du béton : « On donne habituellement le nom de béton, à des chaux, des mortiers, des ciments, qui ont la propriété de se durcir dans l'eau. D'autres personnes donnent le nom de *béton* au mélange qu'on fait des mortiers hydrauliques avec de gros graviers, des pierres, ou, enfin, des briques concassées de la grosseur d'un œuf, etc. »

M. Borgnis, ingénieur, explique que le béton n'est autre chose qu'un mortier auquel on ajoute des recoupes de pierres, des débris de tuileaux ou des cailloux, au fur et à mesure que l'on forme le mélange. Lorsque le béton est bien fait, dit-il, il acquiert beaucoup de ténacité et de dureté : il a la propriété de se durcir promptement et d'être impénétrable à l'eau.

M. Berthault-Ducreux, ingénieur, après avoir expliqué l'usage du béton dans les travaux hydrauliques, indique, néanmoins, une foule de cas où son emploi serait d'une grande utilité et d'une exécution très-facile.

Enfin, M. Vicat, dont il ne faut pas cesser de rappeler les services qu'il a rendus à l'art de bâtir, par ses belles recherches sur les mortiers et les ciments calcaires, s'est principalement occupé des mortiers hydrauliques, et de l'emploi des bétons dans les ouvrages immergés. Il a reconnu et constaté en même temps par plusieurs expériences, que les mortiers hydrauliques exposés à l'air libre obtenaient une très-grande dureté, èt qu'ils étaient, dans tous les cas, préférables aux mortiers à chaux grasses pures.

Les constructeurs sont généralement d'accord sur ce point, que les chaux hydrauliques, naturelles ou artificielles, sont d'une indispensable nécessité pour la constitution des bons bétons. Les chaux grasses pures sont dans ce cas, comme dans bien d'autres, d'une inertié complète, et ne donneraient que des bétons pitoyables ; elles ne pourraient servir à cet usage qu'à la condition d'un mélange d'une assez forte dose de pouzzolane ou de ciment.

On voit, par ce qui précède, que l'attention du constructeur en béton doit se porter surtout sur le choix de la chaux hydraulique, puisque d'elle seule doit dépendre la solidité des ouvrages. Le mode d'extinction de la chaux doit captiver toute son attention, car telle chaux sera très-bonne éteinte d'après tel procédé, qui serait détestable suivant tel autre. On ne parviendra jamais à obtenir de bons mortiers et encore moins de bons bétons, avec des chaux grasses pures, quel que soit le procédé que l'on emploie pour l'extinction de ces sortes de chaux : c'est ce dont il faut bien se pénétrer. Le choix des sables et des graviers ou rocailles, suivant la nature de la chaux et l'espèce des ouvrages à exécuter, mérite d'être observé par le constructeur. Dans tous les cas, les proportions des matières, et les procédés de manipulation, de mise en place et de massivation des bétons, exerceront une grande influence sur la bonté future des constructions.

ARTICLE II.

DE LA CHAUX HYDRAULIQUE NATURELLE ET ARTIFICIELLE.

§. 1ᵉʳ. — *Chaux hydrauliques naturelles.*

Les recherches statistiques de M. Vicat sur les chaux des divers pays, ont amené la découverte de chaux hydrauliques naturelles dans un grand nombre de localités (1): elles sont plus ou moins énergiques, suivant les proportions des composés qui constituent leur hydraulicité. La connaissance du degré de cette hydraulicité, propre à chaque espèce de ces chaux, devient donc indispensable au constructeur; et pour l'initier au secret de cette investigation, il n'y a rien de mieux à faire que de laisser parler ce célèbre ingénieur, que l'on peut considérer, à juste titre, comme le créateur des mortiers et ciments hydrauliques.

« *Les chaux moyennement hydrauliques,* dit M. Vicat (2), font prise après quinze ou vingt jours d'immersion, et continuent à durcir ; mais leurs progrès deviennent de plus en plus lents, surtout après le sixième où le huitième mois : après un an, leur consistance est comparable à celle du savon sec. Elles se dissolvent encore dans une eau pure, mais avec beaucoup de difficulté. Leur foisonnement est variable ; il atteint souvent le

---

(1) Le résultat des recherches statistiques de M. Vicat sur les substances calcaires propres à fournir des chaux hydrauliques et ciments calcaires, est publié annuellement dans les Annales des ponts-et-chaussées et des mines, à partir de l'année 1834, qui comprend les opérations faites en 1833 par ce savant ingénieur. J'avais conçu d'abord l'idée de présenter ici une analyse de ces recherches faites jusqu'à ce jour; mais j'ai dû y renoncer. En premier lieu, parce que ce travail, qui comprend les opérations de neuf années, eût été trop étendu pour le cadre de mon ouvrage; et en second lieu, parce que le bulletin des annales se trouve dans les mains de tous les ingénieurs des ponts-et-chaussées. Je me plais à déclarer, d'ailleurs, que M. Vicat avait eu l'obligeance de m'autoriser à publier ces extraits.

(2) Résumé sur les mortiers et ciments calcaires, p. 5; 1828.

terme des chaux maigres, sans s'élever jamais à celui des chaux grasses.

« *Les chaux hydrauliques* font prise après six ou huit jours d'immersion et continuent à durcir : les progrès de cette solidification peuvent s'étendre jusqu'au douzième mois, quoique la plus grande partie du travail soit faite après six mois. A cette époque, déjà la dureté de la chaux est comparable à celle de la pierre très-tendre, et l'eau ne l'attaque plus. Son foisonnement est constamment faible comme celui de la chaux maigre.

« *Les chaux éminemment hydrauliques* font prise du deuxième au quatrième jour d'immersion. Après un mois, elles sont déjà fort dures et tout-à-fait insolubles. Au sixième mois, elles se comportent comme les pierres calcaires absorbantes dont le parement peut être layé : elles donnent des éclats par le choc, et présentent une cassure écailleuse. Leur foisonnement est constamment faible comme celui des chaux maigres.

« Du reste, les chaux grasses, les chaux maigres et les chaux hydrauliques, de tous les degrés, peuvent être blanches, fauves, grises, rousses, etc., etc.

« Nous disons que la chaux a fait prise quand elle porte, sans dépression, une aiguille à tricoter de 12 millimètres de diamètre, limée carrément à son extrémité et chargée d'un poids de 30 grammes. En cet état, la chaux résiste au doigt poussé avec la force moyenne du bras : elle ne peut plus changer de forme sans se briser. »

Pour constituer l'hydrate qui doit servir à l'expérience, il faut éteindre une partie de chaux vive et l'amener en pâte aussi ferme que possible, sans qu'elle cesse de conserver un certain degré de ductilité. Sa consistance doit être comparable à celle de l'argile prête à être mise en œuvre pour la fabrication de la poterie.

Ainsi préparée, la chaux a besoin d'être abandonnée à elle-même, jusqu'à ce que toutes les parcelles paresseuses aient achevé

de se développer. La fin de ce travail s'annonce par le refroidissement complet de toute la masse : il dure de deux à trois heures
et quelquefois d'avantage.

On prend ensuite un vase quelconque, plus haut que large,
tel qu'un verre à boire ; on y introduit la chaux de manière à
le remplir aux deux tiers ou aux trois quarts ; on frappe du fonds
du vase dans le creux de la main ou sur un billot, pour obliger
la matière à se tasser et à s'aplatir au-dessus ; on étiquette soi-
gneusement et on immerge le tout sans délai, en notant le jour
et l'heure de son immersion. Au bout d'un certain temps, on
soumet la chaux à l'épreuve, de la manière indiquée par M. Vicat,
au moyen de l'aiguille, et l'on reconnaîtra alors le degré d'hydraulicité de la chaux, selon que la résistance absolue de la pâte
sera acquise dans le temps déterminé après son immersion, afin
de savoir si elle est *moyennement hydraulique,* ou *simplement
hydraulique,* ou *éminemment hydraulique.*

Par l'analyse chimique des pierres qui fournissent les diverses
chaux des catégories précédentes, M. Vicat est parvenu à établir que les chaux sont plus ou moins hydrauliques, suivant les
proportions du mélange avec les calcaires purs, d'argile, d'alumine, de magnésie, de fer et de manganèse. Ces proportions sont
limitées de *huit à douze centièmes,* sur la totalité, pour les chaux
moyennement hydrauliques ; de *quinze à dix-huit centièmes,* pour
les *chaux hydrauliques ;* et de *vingt à vingt-cinq centièmes,* pour
les *chaux éminemment hydrauliques.* Au-delà de ces proportions,
on trouve les ciments.

Dans les grands travaux où l'on emploie une grande quantité
de chaux hydraulique, la prudence exige que les expériences sur
la bonté des chaux et des mortiers soient très-souvent renouvelées, afin de n'être pas trompé par les fournisseurs, ou pour n'être
pas victime de leur erreur, par un changement de nature de
pierre dans les carrières ; car, il faut le dire, il arrive souvent
que dans une même carrière et dans un même banc, on

trouve des pierres dont la nature varie d'une manière sensible. Au moyen de ces expériences, souvent renouvelées, on peut se trouver en garde contre des accidents que l'on serait toujours à temps de prévenir. J'ai vu cette précaution adoptée pour la construction des bassins en béton servant à l'alimentation des fontaines de Paris, bâtis sous la direction de M. Mary, ingénieur en chef, chargé de ces travaux.

§. 2. — *Chaux hydrauliques artificielles.*

Dans beaucoup de localités le calcaire argileux, qui constitue les chaux hydrauliques naturelles, manque complètement: mais, au contraire, les chaux grasses s'y trouvent en abondance. C'est le cas, alors, de fabriquer de la chaux hydraulique artificielle, en combinant avec les chaux grasses une certaine proportion d'argile, comme on en trouve dans tous les pays.

C'est dans cette prévision que M. Vicat a étudié les moyens de combinaison de ces matières, de leur préparation, et de la confection de ces sortes de chaux : et c'est d'après ses conseils et, pour ainsi dire, sous sa direction, que les premiers établissements de fabrication de chaux hydraulique artificielle ont été fondés à Paris, où la chaux hydraulique naturelle y est rare et d'un prix élevé. Ces établissements, nombreux aujourd'hui, fournissent de grandes masses de chaux, tant pour les constructions publiques que pour les ouvrages des particuliers.

M. Vicat étant le créateur de ces sortes de chaux, on me saura peut-être gré de donner ici les moyens qu'il indique pour leur fabrication :

« Les chaux hydrauliques artificielles, dit-il, se fabriquent par deux procédés : le plus parfait, mais aussi le plus dispendieux, consiste à mêler avec de la chaux grasse, éteinte d'une manière quelconque, une certaine portion d'argile, et à faire cuire le mélange : c'est ce qu'on appelle chaux artificielle à double cuisson.

« Par le second, on substitue à la chaux des substances calcaires très-tendres (telles que la craie ou les tufs, par exemple),
faciles à broyer et à réduire en pâte avec l'eau. De là résulte
une grande économie, mais aussi une chaux artificielle d'une
qualité peut-être un peu moindre que par le premier procédé, à
raison de la moindre perfection du mélange. Il est impossible,
en effet, de réduire les substances calcaires au même degré de
finesse que la chaux éteinte, sans autre secours que celui des
agents mécaniques : toutefois cette seconde manière est la plus
généralement suivie, et les résultats auxquels elle conduit deviennent de plus en plus satisfaisants,

« On conçoit qu'étant maître des proportions, on l'est également de donner à la chaux factice le degré d'énergie que l'on
désire, et d'égaler ou de surpasser à volonté les chaux hydrauliques naturelles.

« On prend ordinairement vingt parties d'argile sèche pour
quatre-vingts parties de chaux très-grasse, ou pour cent quarante
parties de chaux carbonatée. Mais si la chaux ou le carbonate
sont déjà naturellement quelque peu mélangés, quinze parties
d'argile doivent suffire. Il est convenable, au surplus, de déterminer les proportions pour chaque localité : toutes les argiles,
en effet, ne se ressemblent pas à ce point qu'on puisse les regar-
der comme identiques. Les plus fines et les plus douces sont les
meilleures.

« Il existe à Paris plusieurs fabriques de chaux artificielle ; les
matières employées sont la craie de Meudon et l'argile de Vaugirard, qu'on divise préalablement en fragments de la grosseur
du poing. Une meule établie de champ, et une forte roue à
jantes et rayons, liée invariablement à un système de herses et
de râteaux, sont mises en mouvement par un manège à deux
chevaux, dans un bassin circulaire de deux mètres de rayon environ. Au centre du bassin est un noyau en maçonnerie sur lequel
pivote l'arbre vertical auquel le système est fixé : c'est dans ce bassin,

où l'eau arrive au moyen d'un robinet, que l'on jette successivement quatre mesures de craie et une mesure d'argile. Après une heure et demie de manège, on obtient environ 1 mètre 50 centimètres cubes de bouillie claire, que l'on évacue par un conduit percé horizontalement au niveau du fonds du bassin.

« La matière se rend, par son propre poids, dans une première fosse, suivie d'une seconde, d'une troisième, et ainsi de suite jusqu'à quatre ou cinq. Ces fosses communiquent ensemble par le haut. Quand la première est pleine, la nouvelle bouillie qui arrive, ainsi que les eaux surnageantes, s'écoulent dans la seconde, de la seconde dans la troisième, et ainsi de suite jusqu'à la dernière, qui déverse ses eaux claires dans un puisard. D'autres fosses échelonnées comme les précédentes, reçoivent les nouveaux produits du manège, pendant que la matière prend dans les premières la consistance nécessaire au moulage. Moins les fosses sont profondes relativement à la superficie, plus tôt la consistance susdite est acquise.

« On subdivise alors la pâte en solides d'une forme régulière, à l'aide d'un moule. Ce travail s'effectue avec rapidité. Un mouleur à la tâche fait moyennement cinq mille prismes par jour, lesquels cubent ensemble environ six mètres. On distribue ces prismes sur des séchoirs, où ils prennent en peu de temps le degré de dessication et de dureté convenables pour la cuisson. Celle-ci peut s'effectuer par l'un quelconque des moyens décrits dans le chapitre précédent. A Paris, on emploie un mélange de coke et de houille, et le mode ordinaire de cuisson à feu continu exigé par ce genre de combustible. »

Parmi tous ceux qui ont traité de l'art des constructions hydrauliques, M. Vicat est sans contredit celui qui, par sa spécialité, a fait les plus belles découvertes sur les chaux, soit grasses, soit hydrauliques, de tous les degrés. Aussi m'en suis-je tenu à la description des procédés qu'il indique pour la fabrication des chaux hydrauliques artificielles. Ce savant ingénieur a accepté ou modifié, selon les résultats de ses nombreuses expériences, les assertions émises par ses prédécesseurs sur la nature et les qualités des différentes espèces de chaux : ceux qui ont écrit après lui n'ont fait que glaner dans le champ de ses recherches. Tenons-nous en donc à ses préceptes.

ARTICLE III.

DES SABLES.

Les sables de rivière sont ordinairement de la même nature des roches qui se trouvent à la source ou sur le passage des ruisseaux et des rivières. Ainsi les terrains granitiques schisteux fournissent le quartz, le feld-spath et le mica; les terrains volcaniques, les laves de toute espèce. Les roches calcaires fournissent rarement du sable, parce qu'elles ne sont point susceptibles de ce mode de désagrégation; celles qui sont tendres ne produisent que des poussières, et celles qui sont dures demeurent en éclat.

Les sables purs siliceux sont ceux qui conviennent le mieux aux mortiers hydrauliques; ceux de fouille ou de mine sont préférables pour les mortiers à chaux grasse (1). Les sables de mer sont les plus mauvais. Dans le cas où les localités n'en fourniraient pas d'une autre nature, on devra en approvisionner quelque temps à l'avance, pour que, étant étendus, ils puissent être lavés et dessalés par les pluies. On lui reproche d'être trop longtemps à sécher, lorsqu'on l'emploie dans la construction des murs, et d'avoir l'inconvénient de dégrader les maçonneries, en rejetant leur sel, lorsqu'on recouvre trop tôt d'enduit les murs où ils ont été employés.

(1) En 1829, je fis recrépir un mur de clôture de jardin d'une vaste étendue, par parties séparées : l'une en chaux grasse et sable de rivière; l'autre en même chaux et sable de mine. Pendant l'hiver rigoureux de 1829-1830, les mortiers faits en sable de rivière furent détruits presque en totalité, tandis que ceux faits en sable de mine n'éprouvèrent aucune avarie.

M. Vicat a reconnu que la grosseur du sable avait une influence marquée sur la bonté des mortiers, selon l'espèce de chaux que l'on emploie. A cet égard, il a classé comme suit l'ordre de supériorité des sables pour la bonté des mortiers :

Pour les chaux éminemment hydrauliques : 1° les sables fins; 2° les sables à grains inégaux, résultant du mélange, soit du gros sable avec le fin, soit de celui-ci avec le gravier; 3°. les sables gros.

Pour les chaux moyennement hydrauliques : 1° les sables mêlés; 2° les sables gros; 3° les sables fins.

Pour les chaux grasses : 1° les gros sables; 2° les sables mêlés; 3° les sables fins.

Les sables à grains de forme irrégulière seront les meilleurs, parce que les aspérités contribuent à leur procurer une liaison plus forte et plus intime avec les particules de chaux.

On reconnaît que le sable est de bonne qualité lorsque, étant pressé dans la main, il fait du bruit, et que jeté sur du linge blanc ou du papier, il ne laisse aucune marque ni tache.

Les sables très-fins, pour ainsi dire en poussière, qui proviennent de substances calcaires douées d'une grande cohésion, donnent d'excellents mortiers avec les chaux hydrauliques de tous les degrés. Les poussières des routes entretenues avec des rocailles ou pierrailles de nature calcaire, peuvent donner d'excellents mortiers, mélangées aux chaux hydrauliques. Dans ces localités, on voit des paysans ramasser les boues de ces routes, dont ils se servent pour bâtir, sans aucun mélange de chaux : elles forment un mortier d'une excellente qualité et supérieur à celui fait de chaux grasse et sable, selon la méthode ordinaire.

ARTICLE IV.

Les graviers, cailloutis ou pierrailles, devront avoir une grosseur proportionnée aux dimensions des massifs à faire en béton.

En parlant des bétons et des matériaux qui servent à leur composition, j'indiquerai la grosseur approximative des graviers ou pierrailles.

On peut dire, toutefois, que les matériaux de cette espèce seront généralement convenables, s'ils sont tels que ceux dont on se sert pour l'entretien des routes.

Si l'on emploie des graviers, on aura le soin de préférer ceux que l'on enlève des lits des rivières, ruisseaux ou ravins, parce que ceux-là, roulés par les eaux, sont les meilleurs, et qu'il est plus aisé de les nettoyer des parties terreuses ou sablonneuses, en les passant à la claie ou au crible.

Si, à raison des localités où l'on se trouve, on est forcé de prendre les graviers dans les minières tant soit peu terreuses ou chargées de sable argileux, il faudra nécessairement alors les étendre le mieux possible pour qu'ils puissent être lavés par les pluies, après les avoir passés une première fois à la claie. On renouvellera ces opérations aussi souvent qu'il le faudra pour dégager les graviers de toutes les parties hétérogènes. Ce serait pour le mieux possible, si l'on se trouvait à portée d'une eau courante qui permettrait le lavage des graviers.

En général, les graviers devront être purs de sable : s'il n'en était pas ainsi, les proportions du mélange du mortier se trouveraient changées par l'adjonction d'autres parties de sable qui se rencontreraient dans les graviers.

Si l'on n'a que des cailloux d'un certain volume, on les concassera avec une masse de fer, pour les réduire à la grosseur voulue.

Dans quelques localités, on ne trouve que de la pierraille ou des rocailles provenant des débris de carrières de pierre. Ces matériaux concassés peuvent, ainsi que les cailloux brisés, servir à faire d'excellents bétons, parce que le mortier peut se lier plus intimement avec les aspérités produites par la cassure.

Il arrive assez souvent que l'on a, par suite de démolitions, des débris de briques ou de pierres à sa disposition. Dans ce cas, on peut utiliser ces matériaux dans la confection des bétons, pourvu que les briques soient biscuites et les pierres dures et non friables, après, toutefois, en avoir réduit les dimensions aux proportions voulues.

ARTICLE V.

DU CIMENT, DES POUZZOLANES NATURELLES ET ARTIFICIELLES, DES ARÈNES.

§. 1.er — *Du ciment.*

Jusqu'au moment où M. Vicat est venu enrichir la science des constructions de ses belles découvertes sur les mortiers hydrauliques et de ses recherches sur les gisements des pierres à chaux et ciments calcaires, on appelait *ciment* une poudre faite avec des briques ou des tuileaux, que l'on mélangeait avec des chaux de toute espèce. C'est ainsi encore que l'on désigne cette matière dans les localités où la connaissance des ciments naturels n'est pas encore parvenue.

Le ciment de cette espèce, mélangé aux mortiers à chaux grasse, est, sans contredit, une bonne chose ; mais il s'en faut bien qu'il approche des qualités du ciment naturel. Son mélange avec les chaux hydrauliques est sans efficacité : il en altère, au contraire, les qualités, en interposant ses molécules dans les particules de chaux, et rendant ainsi leur affinité moins immédiate.

« Quand la proportion d'argile, dit M. Vicat, excède 27 à 30 pour 100 dans les pierres calcaires, il est rare que ces pierres puissent se transformer en chaux par la cuisson ; mais elles fournissent alors une espèce de ciment naturel, qu'on peut employer à la manière du plâtre, en le pulvérisant et le gâchant avec une certaine quantité d'eau. »

Par ses recherches statistiques, ce savant ingénieur a découvert du ciment naturel dans un grand nombre de localités, et on en trouve aujourd'hui dans presque toutes celles où l'on rencontre des chaux hydrauliques de tous les degrés.

La découverte du ciment de Pouilly, dont les effets sont si merveilleux, est due à M. de Lacordaire, ingénieur en chef des ponts-et-chaussées. On en fait une grande consommation à Paris, et dans un rayon très-étendu.

Le ciment des Anglais, que l'on appelle *ciment romain*, n'est autre chose qu'un ciment naturel, résultant de la calcination modérée d'un calcaire mélangé d'environ 31 pour 100 d'argile ocreuse et de quelques centièmes de carbonate de magnésie et de manganèse. C'est le ciment connu sous le nom de *ciment Parker*. Ce ciment est, suivant l'analyse faite par M. Drappiez, en tous points semblable au *plâtre ciment* fabriqué à Boulogne-sur-mer, dont M. Lesage, ingénieur militaire, a fait connaître les propriétés, il y a environ 35 ans.

Dans quelques départements du nord de la France, on fait usage de la *cendrée de Tournay* pour les travaux hydrauliques. Cette poudre, qui provient des environs de Tournay, est formée des débris à demi-calcinés d'une pierre bleue fort dure, dont on fait de la chaux. Ces débris tombent, pendant la cuisson, sous la grille du fourneau, et se mêlent avec la cendre du charbon de terre.

A l'époque de la construction du pont de Cahors, sur le Lot, en 1835, M. Pellegrini, ingénieur en chef, directeur de ce travail, découvrit une pierre à ciment parmi d'autres bancs de pierre qui fournissent de la chaux moyennement hydraulique. Cette habile ingénieur, après s'être assuré de la bonté de ce ciment, établit un chantier de fabrication qui fournissait aux besoins des travaux du pont. « Une très-petite quantité de ciment cadurcien , dit M. Pellegrini , dans une courte notice qu'il a publiée en 1835, ajoutée aux matières qui composent le béton employé aux fondations de trois piles et de la culée de gauche du pont de Cahors, a fait acquérir à ce béton , en cinq où six jours , une dureté et une résistance supérieures à celles du béton employé depuis un an , composé avec une très-bonne chaux hydraulique , mais sans addition de ciment. »

Cet ingénieur s'est livré à des analyses de la pierre à ciment, qui lui ont fait reconnaître qu'elle était composée, sur 100 parties, de 44 à 48 parties de carbonate de chaux : le reste est de l'argile, composée de silice, d'alumine et d'oxide de fer. La pierre à ciment anglais contient 66 parties environ sur 100 de carbonate calcaire : le galet de Boulogne en contient 62.

La découverte de M. Pellegrini a porté d'heureux fruits. Des établissements considérables ont été formés à Cahors, et sur d'autres points des rives du Lot, pour la fabrication de ce ciment, dont on fait une grande consommation pour les travaux hydrauliques. On en fait un emploi considérable dans les travaux du canal latéral à la Garonne, en le mélangeant aux chaux hydrauliques, à l'effet d'activer la prise des mortiers.

Au moyen des recherches statistiques de M. Vicat, publiées tous les ans, à partir de 1834, dans les *Annales des ponts-et-chaussées* qui se trouvent dans les mains des ingénieurs , on apprendra quelles sont les localités qui fournissent des ciments calcaires naturels. Ces documents remarquables, dès qu'ils seront complétés seront d'une indispensable nécessité pour tout constructeur faisant usage des mortiers hydrauliques et bétons.

Le mélange des ciments naturels avec les chaux grasses, produira toujours un très-bon effet, dans quelles circonstances que l'on emploie les mortiers ; mélangés avec les chaux hydrauliques, leur efficacité sera, sans doute, non moins précieuse: mais, il faut le dire, au bout d'une année, par exemple, la dureté des mortiers ainsi faits ne sera guère plus grande que celle des mortiers faits en chaux hydraulique pure ; au bout de quelques années, il n'y aura pas de différence dans la dureté de ces deux espèces de mortiers.

§. 2. — *Des pouzzolanes naturelles.*

On rencontre des pouzzolanes naturelles principalement en Italie, aux environs de Naples et de la ville de Pouzzols, qui a donné son nom à cette matière. On en trouve également en France, dans l'Auvergne, dans le Vivarais et dans tous les pays où il existe des volcans éteints. Cette matière est ordinairement pulvérulente, d'un rouge violet, et tantôt en gros grains, souvent en scories, tufs, ponces, etc.

Avant les découvertes des chaux hydrauliques et ciments calcaires naturels, on faisait, en France, une grande consommation de pouzzolane d'Italie ; mais depuis cette époque, l'importation de cette matière a presque complètement cessé, alors, surtout, que M. Vicat est venu nous apprendre la fabrication des pouzzolanes artificielles, dont je parlerai bientôt.

M. Poirel, ingénieur en chef, chargé des travaux du port d'Alger, nous apprend que les blocs de béton que l'on immerge à la mer pour former la base des constructions, sont faits en mortier composé de chaux grasse et de pouzzolane d'Italie. « L'expérience démontre, dit-il, que les plus tenues sont les seules qui agissent pour rendre les mortiers hydrauliques, et que dès qu'elles atteignent une certaine grosseur, par exemple celle du sable de mer, elles sont aussi complètement inertes que le sable lui-même. » Il résulte de là, que le degré de finesse de la pouzzolane influant sur la plus ou moins prompte solidification du mélange, il importe de l'employer dans le plus grand état de ténuité possible, toutes les fois que l'on a besoin d'obtenir une grande vitesse de prise. « C'est, dit M. Vicat, l'affinité chimique qui préside à la solidification des alliances de chaux grasse et de pouzzolane, et la ténuité agit là, comme dans les composés chimiques, en favorisant l'intimité du mélange. »

M. Rondelet rapporte dans son *Traité de l'art de bâtir,* que, aux environs de Cologne, on trouve une espèce de terre qui se cuit comme le plâtre , et que l'on réduit en poudre en l'écrasant avec des meules. Cette poudre, connue sous le nom de *terrasse de Hollande,* a les propriétés de la pouzzolane ; elle forme, avec la chaux, un mortier excellent pour les ouvrages construits dans l'eau, qui résiste à l'humidité, à la sècheresse et à toutes les intempéries de l'air. On fait beaucoup d'usage de cette terrasse dans les Pays-Bas, en Hollande, en Allemagne, et dans tous les départements situés au nord de la France, où l'on prétend qu'elle équivaut à la meilleure pouzzolane d'Italie.

§. 3. — *Des pouzzolanes artificielles.*

Dans les localités privées de chaux hydrauliques, et où l'on ne peut se procurer qu'à grands frais des pouzzolanes naturelles, il faut avoir recours aux pouzzolanes artificielles , qu'il est possible de fabriquer presque en tous lieux.

« Parmi les roches ou terres essentiellement composées de silice et d'alumine, dit M. Vicat, celles que l'on choisit, comme se prêtant le plus facilement à la transformation qu'on a en vue, sont : 1° les argiles; 2° les psammites schistoïdes , bruns ou jaunes, faisant pâte argileuse avec l'eau; 3° les arênes riches en argile; 4° et quelques espèces de schistes.

« Le feu est l'agent employé; les conditions de la transformation sont : 1° que la matière puisse acquérir assez de cohésion pour ne plus faire pâte avec l'eau ; 2° qu'elle atteigne le minimum de pesanteur spécifique et le maximum de faculté absorbante; 3° qu'elle devienne plus accessible aux agents chimiques, tels que les acides faibles, qu'elle ne l'était auparavant. »

Les moyens les plus faciles de se procurer de la pouzzolane artificielle est , sans contredit, celui employé par la torréfaction des argiles, parce que cette matière est le plus communément répandue; c'est aussi ce moyen que l'on emploie de préférence.

Pour l'exécution des travaux du canal latéral à la Garonne, on avait établi, à grands frais, des ateliers de fabrication de pouzzolane artificielle, que l'on mélangeait avec les chaux hydrauliques. On renonça bientôt à cette fabrication et à ce mélange, parce qu'il fut reconnu, ainsi que, d'ailleurs, cela avait été indiqué par M. Vicat, que les chaux hydrauliques naturelles n'avaient rien à gagner par cette combinaison, et que, dès-lors, les frais occasionnés par cette fabrication étaient absolument en pure perte.

Les procédés suivis pour cette fabrication étaient pratiqués comme suit :

On avait de la chaux grasse que l'on éteignait à grande eau par le procédé ordinaire, et que l'on réservait dans une grande fosse en quantité suffisante pour la consommation. Le chantier était également approvisionné de terre argileuse de bonne qualité.

Les proportions adoptées pour le mélange de l'argile avec la chaux éteinte, étaient d'*une partie* de chaux pour *cinq parties* d'argile.

Ces matières étaient déposées dans l'auge en maçonnerie d'un manège semblable à celui que l'on emploie pour la fabrication du mortier, et l'on projetait au-dessus la quantité d'eau suffisante pour réduire le tout en pâte forte. Le manège était mis en mouvement, et l'on en retirait la matière après que la terre et la chaux étaient parfaitement amalgamées.

Avec la pâte ainsi obtenue, on formait de petits pains appelés *prussiens*, que l'on déposait sur une aire, pour les faire sécher comme la terre à briques. Ces petits pains étaient ensuite mis dans un four continu chauffé à la houille, et la cuisson en était opérée de telle sorte que la matière fût suffisamment torréfiée sans atteindre le degré nécessaire à la cuisson des briques.

Après cela, les produits retirés des fours étaient placés sous une meule en pierre, semblable à celle employée dans les moulins à huile, qui les écrasait et réduisait en poudre. Tout autour du massif solide sur lequel marchait la roue adaptée au manège, mu par un cheval, étaient disposés des tamis ou treillis de fer, à travers lesquels passait la matière pulvérisée, pour en sortir en poudre fine, propre à être mélangée aux mortiers. C'est après cela qu'elle était enlevée pour être déposée dans le magasin d'approvisionnement.

§. 4. — Arênes.

M. l'ingénieur Girard de Caudemberg, chargé, en 1824, des travaux de navigation de la rivière de L'Isle, avait observé que les propriétaires des moulins établis sur cette rivière, employaient, dans les mortiers de leurs constructions, une espèce d'arêne qui avait la propriété de les durcir et de faire corps sous l'eau. M. Girard fit usage de ces arênes, mélangées aux chaux grasses, dans la construction de plusieurs écluses, et il en obtint des résultats très-satisfaisants.

Suivant l'analyse qui en a été faite par M. Girard, les arênes contiennent une forte proportion de terre rouge ou jaunâtre, d'une finesse extrême, qui fait pâte avec l'eau, et qui, exposée à la chaleur solaire, acquiert, par la dessiccation lente, une assez grande consistance. Cette terre se trouve unie, dans les arênes, à un sable, partie siliceux et partie calcaire, d'une grosseur très-irrégulière, puisqu'on y trouve tous les degrés intermédiaires entre les graviers et le sable le plus fin.

On trouve généralement les arênes, dit M. Girard, au sommet des coteaux qui forment le bassin des rivières ou des ruisseaux, mais beaucoup plus rarement dans le sol des vallées. Parmi celles qu'on rencontre dans ce dernier gisement, il n'en a point observé qui jouisse, avec énergie, des propriétés qu'il a signalées; et les terres sablonneuses de *couleur de lie de vin*, que l'on y trouve en abondance, ne sont pas des pouzzolanes..... Les bancs d'arènes sont superposés à des masses de tuf argileux ou à des roches calcaires: ils ont tous les caractères d'un dépôt alluvionnaire; souvent les bancs sont séparés par des galets; on remarque, d'ailleurs, des cailloux roulés qui sont disséminés çà et là dans toute la masse.

La formation des bancs d'arènes est, suivant le même auteur, très-répandue dans la nature. On trouve dans la vallée de L'Isle des coteaux dont toute la partie supérieure est un dépôt d'arènes sur plus de 15 mètres d'épaisseur. Le Pétreau, où l'on extrait une arène très-énergique, n'est qu'une des extrémités d'un grand plateau qui s'étend presque jusqu'à Libourne, et où l'on rencontre partout ce même sable argileux à quelques pieds de profondeur au-dessous du sol. Le *Plateau de Cenou,* près Bordeaux, paraît aussi, à en juger par l'aspect, recouvert par la même espèce d'arène; les vallées de l'Aube et de la Seine supérieure en contiennent beaucoup; et en parcourant seulement les grandes routes, on s'assure qu'il en existe dans une multitude d'endroits. En un mot, rien de plus commun que les arènes. Il y a même des pays où l'on ne peut pas, sans préparation, se procurer d'autre sable; et l'on peut avancer que celui-ci est plus abondant dans la nature que le sable de mine ou de rivière.

CHAPITRE DEUXIÈME.

EXTINCTION DES CHAUX HYDRAULIQUES.

Le mode d'extinction des chaux hydrauliques, de tous les degrès, peut exercer une influence marquée sur la bonté des hydrates et des mortiers. J'ai consacré un chapitre spécial à la description des procédés indiqués par divers constructeurs qui font autorité sur la matière; j'indiquerai ces procédés, par ordre de préférence, et j'entrerai dans quelques détails sur un nouveau procédé dont je fais usage.

ARTICLE 1.er

PROCÉDÉS INDIQUÉS PAR DIVERS CONSTRUCTEURS.

§. 1.er — *Selon* M. VICAT.

Ce savant ingénieur admet pour l'extinction des chaux en général, trois procédés, qu'il désigne sous les noms de : *Extinction ordinaire, extinction par immersion, extinction spontanée.*

« *L'extinction par le procédé ordinaire* se fait en jetant sous une quantité d'eau convenable, la chaux vive prise au sortir du four : là, elle se fend avec bruit, se boursouffle, produit un dégagement considérable de vapeurs brûlantes, légèrement caustiques, et se fond en bouillie épaisse. En cet état, on la nomme indifféremment *chaux fondue , chaux coulée, chaux amortie.*

« Ce procédé est généralement usité, mais on en abuse étrangement : on réduit la chaux à consistance laiteuse dans un bassin particulier, d'où elle s'écoule dans une grande fosse; ainsi noyée, elle perd la plus grande partie de ses qualités ferrumentaires.

« On doit éviter de projeter tout-à-coup de nouvelle eau sur les parties de chaux qui fusent à sec, et où l'eau n'a pu arriver qu'en petite quantité; alors, il se produit un sifflement semblable à celui d'un fer rouge que l'on trempe dans l'eau, et la chaux, étonnée par cette aspersion subite, *se divise ensuite fort mal et reste grenue.*

« Il faudra donc donner du premier coup assez d'eau dans le bassin, pour n'être pas obligé d'y revenir au moment de l'effervescence, ou bien on l'amène insensiblement autour des parties sèches, qui se l'approprient spontanément par aspiration.

« *L'extinction par immersion* consiste à plonger la chaux vive dans l'eau pendant quelques secondes, et à la retirer avant le commencement de la fusion : alors, elle siffle, éclate avec bruit, répand des vapeurs brûlantes, et tombe en poudre. On peut la conserver long-temps en cet état, pourvu qu'on la mette à l'abri de l'humidité ; elle ne s'échauffe plus lorsqu'on la détrempe.

« Cent parties de chaux grasse ainsi éteinte ne retiennent moyennement que dix-huit parties d'eau ; tandis que les chaux hydrauliques en prennent de vingt à trente-cinq : ce fait a lieu dans un sens inverse de celui que présente l'extinction ordinaire.

« Les chaux très-grasses, si on se contente de les concasser grossièrement avant l'immersion et de les laisser ensuite décrépiter sur une aire, se divisent difficilement en poudre très-fine : plus de la moitié reste alors en petits fragments solides de la grosseur d'un pois ; et ces fragments une fois refroidis, peuvent tenir long-temps dans l'eau sans s'y délayer. On surmonte cette difficulté en réduisant les pierres de chaux vive à la grosseur d'une forte noix avant que de les immerger, mais surtout en les accumulant immédiatement après l'immersion dans des futailles ou de grands encaissements : la chaleur se trouve alors concentrée ; une grande partie de l'eau vaporisée au premier instant ne pouvant s'échapper, est reprise par la chaux même, qui parvient à se diviser ainsi d'une manière satisfaisante.

« Le procédé d'*extinction spontanée* se pratique en abandonnant la chaux vive à l'action lente et continue de l'atmosphère ; elle se réduit en poussière très-fine. Pendant cette extinction naturelle, il y a un léger dégagement de chaleur , mais sans vapeurs visibles.

« Toute espèce de chaux exposée vive au contact de l'air et dans un lieu abrité , reprend insensiblement l'acide carbonique qui est nécessaire à sa saturation : le temps employé à ce travail varie avec la nature et le volume de cette chaux. Est-elle grasse: dix mois suffisent, lorsqu'on l'étend en couches de 2 centimètres d'épaisseur seulement. Cent quatre-vingt-onze parties contiennent après ce laps de temps, savoir : chaux vive, 100 ; acide carbonique, 74 ; eau, 17. Est-elle hydraulique : elle complète, dans les mêmes circonstances, son travail du septième au huitième mois. Cent soixante-neuf parties contiennent à cette époque, savoir : chaux vive combinée avec un cinquième d'argile, 100 ; acide carbonique, 54 ; eau, 15.

« Toute chaux éteinte préalablement par immersion, et exposée ensuite au contact de l'air dans un lieu abrité, se charge provisoirement d'acide carbonique et d'eau, mais jusqu'à un certain point seulement : la mesure de ce travail, ainsi que le temps employé, varient avec la nature de la chaux. Cent soixante parties de chaux grasse, ainsi éteinte, contiennent, après sept mois et demi d'exposition, savoir : chaux vive, 100 ; acide carbonique, 35, 15 ; eau, 23, 85. Cent soixante-neuf parties de chaux hydraulique, dans les mêmes circonstances, contiennent, savoir : chaux vive, avec un cinquième d'argile, 100 ; acide carbonique, 16 ; eau, 25.

« La conséquence évidente de ces derniers résultats, est que l'immersion instantanée ôte pour jamais aux chaux grasses et hydrauliques, la faculté de reprendre, par un long séjour à l'air, la quantité d'acide carbonique qu'elles ont perdue par la calcination.

« L'ordre des foisonnements des chaux grasses et hydrauliques est en raison des procédés d'extinction : pour les chaux grasses éteintes par le *procédé ordinaire,* de deux à trois volumes pour un ; pour les chaux hydrauliques quelconques , de un à un et un quart, ou à un et demi pour un, au plus. Par le *procédé par immersion,* l'augmentation du volume est pour les chaux grasses de 1, 50 à 1, 70 pour un, en poudre éteinte non tassée ; pour les chaux hydrauliques dans les mêmes circonstances, cette augmentation de volume est de 1, 80 à 2, 18 pour un. Par l'*extinction spontanée,* les chaux grasses augmentent des deux cinquièmes de leur poids , et rendent en volume jusqu'à 3, 52 pour un (mesurées en poudre vive). Les chaux hydrauliques ne prennent moyennement que un huitième d'eau, et rendent en volume depuis 1, 75 jusqu'à 2, 55 (les poussières sont mesurées sans tassement). Pour obtenir ces résultats, il faut saisir l'époque où la réduction est complète , et ne point opérer dans une atmosphère trop humide. »

M. Vicat ayant observé que la dureté acquise par les hydrates variait avec le mode d'extinction, a établi comme ci-après l'ordre de supériorité de chaque procédé, savoir : *Pour les chaux grasses:* 1° extinction spontanée ; 2° extinction par immersion ; 3° extinction ordinaire ; *pour les chaux hydrauliques et éminemment hydrauliques :* 1° extinction ordinaire ; 2° extinction par immersion ; 3° extinction spontanée.

Il a également remarqué que, pour chaque espèce de chaux, l'ordre des duretés est absolument le même que celui du foisonnement ; c'est-à-dire que *le procédé qui divise le mieux la chaux, est aussi celui qui donne aux hydrates la plus grande force :* résultat conforme à ce principe , que la cohésion d'un composé doit être en raison de la ténuité de ses parties, puisqu'elles peuvent alors se constituer mutuellement en contact plus intime.

§. 2.° — *Selon* M. Hassenfratz.

Il propose quatre procédés d'extinction, qu'il désigne ainsi : *Extinction par efflorescence, extinction par imbibition, extinction par macération, extinction spontanée.*

On éteint, dit-il, la chaux *par efflorescence* en l'exposant à l'air : elle en attire peu-à-peu l'humidité ; l'eau se combinant avec la chaux, forme un hydrate, et la chaux tombe en poussière. La chaux vive jetée sur le sol ne doit avoir qu'un pied d'épaisseur environ, et doit rester plusieurs mois pour que l'extinction soit parfaite. L'étendue du sol sur lequel est répandue la chaux doit être proportionnée : 1° à la quantité de chaux éteinte que l'on doit employer dans un temps donné ; 2° à la facilité ou à la difficulté que la chaux présente dans son extinction ; et 3° à la sècheresse ou à l'humidité de l'air : plus l'air est humide, et plus prompte est l'extinction.

Le mode d'*extinction par imbibition* consiste à plonger dans l'eau, pendant quelques secondes, les morceaux de chaux que l'on veut éteindre, et à les retirer avant le commencement de la fusion. Ici M. Hassenfratz donne les détails du procédé indiqué par M. de La Faye.

Pour éteindre la chaux *par macération,* il faut, dit-il, creuser en terre un bassin de réception, et former au-dessus de celui-ci un second bassin, destiné à l'extinction, que l'on fait communiquer au premier par un canal que l'on peut ouvrir et fermer à volonté. La chaux vive se place dans ce bassin : on la couvre d'eau : elle s'échauffe et se délaye ; on la remue avec des rabots de bois, pour faciliter sa fusion, rompre les gros morceaux, et la délayer complètement. La quantité d'eau qu'il convient d'employer ne peut être bien précisée ; elle doit varier selon la nature de la chaux : plus elle est grasse, plus il faut d'eau ; plus elle est maigre ou hydraulique, moins il lui en faut. En général, la quantité d'eau. nécessaire varie entre une et trois parties pour une de chaux.

Il est essentiel de n'employer de suite que la quantité d'eau nécessaire pour éteindre la chaux, parce que l'eau froide, atteignant des parties non fusées, retarde et arrête la fusion. Après avoir tourmenté la chaux à force de bras avec le rabot, et s'être assuré qu'elle est bien fusée et bien délayée, on ouvre la communication de l'un à l'autre bassin, afin de la faire couler dans le bassin inférieur; on continue à la remuer pendant son passage, jusqu'à ce que le bassin d'extinction soit entièrement vide; après quoi, on referme le passage et l'on recommence l'opération, jusqu'à ce que le second bassin soit rempli ou que l'on ait éteint la chaux vive que l'on avait.

On procède à l'*extinction spontanée* de la chaux, de la manière indiquée par M. Vicat.

§. 3. — *Selon* M. RAUCOURT DE CHARLEVILLE.

Cet ingénieur, auquel nous devons un excellent traité sur l'art de faire de bons mortiers, indique quatre procédés d'extinction des chaux : *Extinction ordinaire, extinction par immersion, extinction spontanée, extinction complexe.*

Pour les trois premiers procédés, M. Raucourt est parfaitement d'accord avec M. Vicat : dès-lors, je ne m'occuperai que du quatrième procédé, qu'il appelle *complexe.*

On peut éteindre, dit-il, la chaux vive pure à la sortie du four, par le deuxième et troisième procédé. Quelque temps après cette extinction, on prend les chaux réduites en poudre, pour les mettre en pâte; il se produit alors un second foisonnement, et parfois un peu de chaleur: en conséquence, ces chaux sont encore une espèce de chaux vive, par rapport aux chaux complètement éteintes. Aussi, pour éviter toute confusion, quelle que soit celle de ces trois espèces de chaux ou ciments que l'on mêle avec de l'eau et que l'on emploie sur-le-champ, on dira qu'ils sont employés actifs. Des expériences lui ayant démontré, contre l'opinion commune, dit-il, qu'on peut avantageusement employer les chaux vives, il recommande l'usage de ce quatrième procédé. Il a marqué, que si l'on jette de l'eau sur la poudre de chaux éteinte par le deuxième et le troisième procédé, le volume de la poudre diminue, mais les particules qui la composent augmentent de volume même après leur confection.

M. Raucourt a reconnu, comme M. Vicat, que si le troisième procédé convient aux chaux pures (chaux grasses), le premier procédé doit être préféré pour les ciments très-hydrauliques, et que le second peut être avantageux à l'emploi des mortiers et ciments compris entre ces deux extrêmes. Il a conclu de là, que l'ordre de préférence devait être comme suit : l'*extinction ordinaire* pour les mélanges de ciments très-hydrauliques et base ordinaire, pour ceux de mortier et base très-hydraulique ; l'*extinction par immersion* pour les mélanges composés de mortiers ou de ciments et de base peu hydraulique ; et l'*extinction spontanée* pour les mélanges de chaux pure ou de mortier et de base peu hydraulique.

L'augmentation de volume des chaux, suivant le procédé d'extinction, est, selon le même ingénieur, pour l'extinction ordinaire, de *trois et demi* pour un pour les chaux grasses, tandis qu'il y a des mortiers et ciments naturels qui ne rendent qu'*un et un cinquième* pour un. Pour l'extinction par immersion, de *un et demi* de chaux éteinte pour un de chaux vive mesurée en poudre ; et pour les chaux hydrauliques, qui se divisent bien, *deux* pour *un*. Enfin, pour l'extinction spontanée, de *un et deux tiers* à *deux et demi* pour *un :* réduites en pâte, ces chaux ne rendent que les deux tiers de leur volume.

§. 4. — *Selon M.* Treussart *, général du génie.*

L'opinion de ce savant constructeur sur les divers procédés à employer pour l'extinction des chaux, soit grasses, soit hydrauliques, est conforme à celle de M. Vicat. Il fait observer, néanmoins, que le second procédé (par immersion) est dû aux études de M. de La Faye, qui le publia en 1777, comme un secret retrouvé des Romains sur la meilleure manière d'éteindre les chaux : il consiste à placer les pierres à chaux vive, concassées de la grosseur d'un œuf, dans des paniers que l'on plonge dans l'eau pendant quelques secondes : on la retire avant le commencement de la fusion; alors, elle s'éteint, et finit par tomber en poudre. On la conserve dans un lieu sec, et à l'abri de l'humidité.

M. Treussart ayant remarqué que ce moyen d'éteindre la chaux par immersion donnait quelques embarras et présentait des inconvénients, essaya d'employer en grand, à Strasbourg, pour des travaux qu'il dirigeait, ce procédé modifié d'après les observations qu'il avait faites. Les inconvénients qu'il reproche au procédé de M. de La Faye, c'est d'être obligé de concasser les grosses pierres, et de les immerger dans des paniers; il faut obtenir des ouvriers qu'ils ne laissent la chaux plongée dans l'eau qu'un nombre de secondes déterminé : ce qui n'est pas facile; il se perd une portion de chaux qui tombe au fond de la cuve dans laquelle on fait l'immersion; lorsque la chaux est réduite en poudre, il faut la mesurer avant d'en faire le mortier, et pour peu qu'il fasse du vent, on en perd beaucoup. Il propose, en conséquence, de procéder à cette extinction en jetant sur la même quantité de chaux, une quantité d'eau égale à celle qu'elle a pu absorber lorsqu'on l'a plongée dans l'eau. C'est, dit-il, le procédé qui est employé à Strasbourg, depuis 1847, et l'on opère sur des masses de chaux considérables. Cette opération doit être faite à couvert dans une barraque à proximité du chantier, afin de mettre la chaux à l'abri de la pluie. Après avoir versé sur la chaux vive la quantité d'eau donnée, on la laisse s'éteindre librement, et sans la remuer, pendant qu'elle est en pleine fusion :

lorsque les vapeurs ont cessé, on retourne un peu la chaux avec une pelle, ou bien on y enfonce un bâton ferré; et s'il se trouve des morceaux de chaux qui soient encore entiers, soit parce qu'ils n'ont pas reçu assez d'eau, soit parce qu'ils ont été un peu trop calcinés, alors on verse encore un peu d'eau sur ces morceaux. Cela fait, on donne au tas de chaux une forme régulière, et on le presse légèrement avec le dos de la pelle : on recouvre alors la chaux avec le sable que l'on avait déposé autour du tas avant de l'éteindre. Cette opération se fait le soir, et l'on fait de la même manière autant de tas de chaux que l'on présume pouvoir en employer le lendemain, pendant toute la journée. En laissant ainsi la chaux en tas, du soir au matin, il résulte que l'extinction se complète ; les proportions qui ont eu trop d'eau en cèdent aux voisines qui en manquent : et, de cette manière, l'eau se distribue d'elle-même dans le tas, d'une manière uniforme.

Je bornerai ici les citations que je m'étais proposé de faire sur les opinions et les travaux de divers constructeurs, relativement à l'extinction des chaux. Les procédés indiqués par MM. Sganzin et Berthauld Ducreux sont à-peu-près conformes à ceux prescrits par M. Vicat : il est, dès-lors, inutile d'en parler.

ARTICLE II.

PROCÉDÉS AUXQUELS ON S'ACCORDE A DONNER LA PRÉFÉRENCE POUR L'EXTINCTION DES CHAUX GRASSES ET DES CHAUX HYDRAULIQUES.

On voit, d'après les citations qui précèdent, que l'opinion rapportée de savants constructeurs, est que le procédé d'extinction qui convient le mieux aux *chaux grasses* est celui qui tend à faire développer à ces chaux le plus de principes hydrauliques. Or, je partage entièrement à cet égard l'opinion de M. Vicat, qui établit l'ordre de prééminence pour les chaux grasses comme suit : *extinction spontanée ; extinction par immersion ; extinction ordinaire.*

L'ordre de ces procédés devra, au contraire, être inverse pour les chaux hydrauliques, parce que, pour celles-là, il faut arriver à étendre et à diviser le plus possible toutes les parties de chaux, afin que tous les principes d'hydraulicité soient entièrement développés par une extinction convenable et complète. Dèslors, l'ordre de préférence sera ainsi établi : *extinction ordinaire; extinction par immersion ; extinction spontanée.*

L'extinction par le procédé ordinaire étant celle qui convient le mieux aux chaux hydrauliques, devra donc être préférée dans tous les cas, parce qu'elle est plus complète et divise le mieux toutes les parties de chaux. Les travaux de navigation de la Vezère, dit M. Vicat, ont offert un fâcheux exemple du danger de la chaux imparfaitement éteinte; soit pour gagner du temps, soit pour tout autre motif, on crut pouvoir se dispenser de laisser reposer, après l'extinction, la chaux hydraulique dont on faisait usage : les maçonneries ne manifestèrent rien d'extraordinaire tant qu'elles purent se maintenir à sec pendant l'étiage d'été; mais les crues d'hiver étant venues submerger les travaux, le mortier se gonfla, et avec une telle force que les pierres de taille du parement des bajoyers sortirent en une foule d'endroits, et notamment aux épaulements des musoirs : la reconstruction de deux écluses fut la conséquence de cette fausse manœuvre.

ARTICLE III.

PROCÉDÉ NOUVEAU À L'USAGE DES CHAUX HYDRAULIQUES NATURELLES.

Le procédé d'extinction que je vais décrire, et que j'ai simplifié ensuite, n'a été employé que pour des chaux hydrauliques naturelles ; et, quoique basé sur celui d'*extinction ordinaire,* que je reconnais pour le meilleur à mettre en usage, il diffère, pourtant, du mode suivi par M. Vicat et autres savants ingénieurs. Je n'ai pas, d'ailleurs, la prétention de le prescrire à l'exclusion de tout autre ; mais je dois dire que l'ayant employé pendant plusieurs années pour des maçonneries non-immergées immédiatement, j'ai obtenu de bons mortiers et d'excellents bétons.

Je vais entrer dans quelques détails sur ce procédé, et en faire la description.

En opérant l'extinction de la chaux hydraulique par le *procédé ordinaire,* qui consiste à déposer d'abord la chaux vive dans le bassin, et à y introduire ensuite successivement l'eau nécessaire, j'avais remarqué que la pâte obtenue n'était pas très-homogène, et contenait une grande quantité de grumeaux : indice certain d'une extinction imparfaite. La présence de ces grumeaux était, selon moi, d'un inconvénient tel, que j'avais observé que des mortiers faits avec cette chaux, et employés à des crépissures, offraient sur plusieurs points de leur surface des boursoufflures et éclats produits par des particules de chaux dont l'extinction se complétait alors seulement que les mortiers étaient mis en place. Cet inconvénient serait beaucoup plus grave pour les mortiers employés dans les massifs des maçonneries. La preuve en est certaine et démontrée par l'exemple que j'ai rapporté dans l'article précédent.

Il résulte de plusieurs expériences auxquelles je me suis livré, que ces grumeaux ne se présenteraient plus dans les pâtes de chaux au moyen de quelques modifications à faire subir au procédé d'extinction. Voici de quelle manière j'ai procédé pour obtenir ce résultat :

En 1834, je dirigeais les travaux d'une maison dont les murs devaient être faits en *béton :* la chaux hydraulique était éteinte dans deux bassins contigus, selon le procédé généralement en usage pour l'extinction ordinaire. Il me vint dans l'idée de faire l'essai d'un nouveau mode d'extinction, comparé au procédé ordinaire ; et pour cela je me servis des deux bassins que j'avais à ma disposition. Dans l'un de ces bassins, je fis déposer un mètre cube de chaux vive, et ensuite on y projeta la quantité d'eau nécessaire, dont on avait le soin de conserver la mesure. Après que l'extinction fut complète, la chaux fut mélangée et amenée à l'état de pâte forte. Dans l'autre bassin, on procéda différemment : l'eau, en quantité égale à celle du premier bassin, y fut introduite, et, ensuite, on jeta *sous cette eau* un mètre cube de chaux vive ; on laissa ainsi la chaux s'éteindre librement sans la remuer pendant son effervescence, en ayant le soin seulement de diriger l'eau vers les endroits où la chaux fusait à sec ; et ce ne fût qu'après que les phénomènes de l'extinction furent accomplis, que la pâte fut mélangée comme celle du premier bassin. Ces deux opérations eurent lieu presque instantanément.

La chaux éteinte dans le premier bassin offrait les mêmes inconvénients que j'avais déjà observés : c'est-à-dire que l'on retrouvait dans la pâte une grande quantité de petits grumeaux. La couleur de la pâte était roussâtre ; et son foisonnement n'était que de 1 mètre 13 centimètres pour 1 mètre de chaux vive.

La chaux que j'avais fait éteindre dans le deuxième bassin était, au contraire, parfaitement divisée, et sa pâte très-homogène ; quant aux grumeaux, on n'en retrouvait nulle part. La couleur de la pâte était moins foncée que celle de l'autre bassin, et un mètre cube de chaux vive avait produit 1 mètre 33 centimètres de chaux en pâte.

D'où il suit que la chaux du premier bassin avait produit 1 mètre 1 huitième pour un ; tandis que celle du deuxième bassin avait donné 1 mètre 1 tiers pour un.

Les différences de foisonnement de chaux de même qualité, et prises aux mêmes fours, ne peuvent donc être attribuées qu'à la différence du mode d'extinction mis en pratique ; et la distinction faite de la couleur de la pâte et de son foisonnement ne peut provenir que de l'absence totale des grumeaux.

Je vais décrire ce nouveau procédé d'extinction, tel que je l'emploie depuis 1834, et qui m'a donné des résultats très-avantageux. N'oublions pas de rappeler qu'il ne s'agit ici que de l'extinction des chaux hydrauliques naturelles.

Dans les grands chantiers de construction, où l'on emploie de la chaux en abondance, il conviendra de construire plusieurs bassins contigus, pour que les travaux ne soient pas interrompus par le fait d'un retard dans l'extinction des chaux. Les dimensions les plus convenables de chaque bassin doivent être fixées intérieurement à 3 mètres de longueur, 2 mètres de largeur, et 50 centimètres de hauteur. Ces dimensions sont ainsi indiquées afin de rendre plus facile le mélange de la pâte. L'aire et le pourtour des bassins devront être imperméables; et, à cet effet, ils seront entourés de murs en bonne maçonnerie, de 40 centimètres d'épaisseur, et le fonds garni d'un carrèlement en briques. Toute l'étendue occupée par les bassins sera recouverte d'une toiture d'une espèce quelconque, à l'effet de mettre la chaux à l'abri de la pluie et du soleil.

La mesure de l'eau nécessaire à l'extinction d'une quantité déterminée de chaux vive, a, de tous les temps, vivement préoccupé les constructeurs: trop peu ou un excès d'eau peut nuire à la bonté de la pâte et altérer les principes d'hydraulicité de la chaux. Voici de quelle manière il faut procéder d'après le système d'extinction que j'ai adopté: on fait couler dans le bassin une quantité d'eau indéterminée; mais de telle sorte, néanmoins, qu'elle n'arrive qu'à la moitié ou aux deux tiers de la hauteur intérieure; cela fait, on jette *sous cette eau* la chaux vive étendue uniformément dans le bassin, en observant que la quantité de cette chaux soit telle, qu'après sa complète immersion l'eau effleure seulement la chaux et la recouvre. Cette proportion a été toujours suffisante pour que la chaux ait donné, après son extinction et le mélange, une pâte ferme et homogène. En suivant ce procédé, tout-à-fait pratique, les proportions de l'eau et de la chaux seront toujours bien établies : mieux vaudra, néanmoins, mettre un excès d'eau dans le bassin, parce que l'on sera toujours à temps de sortir celle qui dépasserait la surface de la chaux vive avant le commencement de la fusion, dans le cas où l'on aurait à éteindre une telle quantité de chaux vive qui ne serait pas en proportion avec la capacité du bassin.

Cela fait, on laissera la chaux s'éteindre librement sans la remuer, en ayant le soin seulement de la piquer avec un bâton, pour conduire l'eau en excès dans les parties du bassin où la chaux fuserait à sec. Cette précaution sera surtout nécessaire si l'on a négligé de répandre la chaux vive dans l'étendue du bassin.

Après la complète imbibition de l'eau et lorsque toute fermentation aura cessé, on remuera fortement, et pendant long-temps, la chaux ainsi éteinte, afin de l'amener en une pâte homogène et compacte. Six heures, au moins, après l'extinction et la préparation de cette chaux, on pourra l'employer à la fabrication des mortiers et bétons ; et pendant la manipulation, la chaux développera et perdra successivement toute la chaleur qu'elle conservait encore au sortir du bassin.

Le procédé d'extinction que je viens de décrire, qui serait très-convenable pour les grands ateliers, pourrait être incommode dans le cas où il s'agirait de travaux de peu d'importance, ou encore même lorsque l'espace ne permettrait pas de construire des bassins, surtout dans les villes. Alors on fera usage de comportes d'une dimension à-peu-près égale, et en nombre suffisant pour que, en opérant successivement et alternativement l'extinction dans chacune d'elles, l'opération de l'éteignage soit mise en rapport avec le service des travaux et le besoin de la consommation. On procède avec les comportes de la même manière que j'ai déjà décrite pour les bassins : on ne mettra dans chaque

comporte que moitié ou les deux tiers d'eau environ, et l'on je-
tera sous cette eau une quantité de chaux vive telle, qu'elle soit
au juste à la même hauteur de l'eau. On laissera alors la chaux
s'éteindre librement; et ensuite, lorsque l'on remarquera que la
fusion a cessé, un ouvrier armé d'un fort bâton piquera et ma-
laxera la pâte, en ayant le soin d'atteindre le fonds de la comporte. Lorsque l'on remarquera que la pâte est bien liée et suffisamment homogène, on cessera le travail : et quatre heures après
la chaux pourra être employée à faire le mortier.

Les avantages qu'il faut reconnaître dans l'usage des comportes, sont ceux-ci : 1° on peut n'éteindre que la chaux nécessaire
au fur et à mesure des besoins ; 2° on obtient une pâte plus homogène, puisqu'elle a pu être amalgamée dans un plus petit espace ;
3° la mesure de la chaux destinée aux mortiers sera plus complète, parce qu'il ne doit pas exister de vides dans les comportes,
et qu'alors on prévient la fraude de certains ouvriers intéressés
à ce que la chaux mesurée en pâte soit en moindre quantité possible pour la fabrication des mortiers.

En suivant ce procédé d'extinction, le chantier devra être
pourvu d'un nombre de comportes proportionné à l'importance
des ouvrages que l'on a à exécuter. Ce nombre devra être combiné de telle sorte, que les intervalles à observer entre le moment
de l'extinction de la chaux dans chaque comporte et de son emploi, soient constamment maintenus : l'épreuve d'un moment
suffira pour fixer le nombre de comportes nécessaires. Les comportes d'une dimension ordinaire doivent avoir intérieurement
50 centimètres de hauteur et 50 centimètres de diamètre.

Le foisonnement n'étant pas le même pour toutes les chaux,
il suffira d'en faire l'épreuve dans une comporte, pour déterminer
la mesure à-peu-près exacte de l'eau et de la chaux, qu'on devra
y placer pour qu'elle puisse contenir la pâte obtenue par l'éteignage ; mais, il importe de le répéter, la chaux devra toujours
être amenée à l'état de pâte ferme et compacte.

CHAPITRE TROISIÈME.

DE LA CONSTITUTION, DE LA MANIPULATION ET DE L'EMPLOI DES MORTIERS HYDRAULIQUES ET BÉTONS.

Après avoir expliqué, dans les deux chapitres qui précèdent, le choix et la préparation des matières destinées à la constitution des bétons, je vais indiquer les procédés à suivre pour leur fabrication et leur emploi dans les divers travaux.

Ceci est d'une grande importance ; car, quelque bonne que soit la qualité des matériaux, les bétons seraient exécrables s'ils n'étaient constitués dans les proportions convenables, manipulés et mis en place suivant des procédés dont une bonne pratique a appris à faire usage.

ARTICLE I.

EXAMEN DES VIDES COMPRIS DANS UN CUBE QUELCONQUE DE SABLES, GRAVIERS ET CAILLOUX.

Pour obtenir une bonne constitution des mortiers et bétons, il faut, de toute nécessité, que les sables soient parfaitement garnis de chaux, et que les graviers, pierrailles ou cailloux, soient entièrement enveloppés de mortier ; ce qu'il importe donc, tout d'abord, c'est de connaître le volume des vides compris dans les interstices des sables, des graviers et des cailloux. Je me suis, à cet effet, livré à plusieurs expériences, dont la moyenne m'a donné les résultats suivants :

Dans *un mètre cube* de sable fin et sec, j'ai introduit une quantité d'eau suffisante pour qu'elle arrive de niveau à la surface du sable : on pouvait donc alors être certain que tous les vides étaient remplis. Il est entré 350 litres d'eau : les vides équivalent donc à 35 centimètres pour un de cube de sable. Après la complète immersion du sable, j'ai remarqué un affaissement de 7 centimètres : ce qui annonce évidemment que le sable sec forme plus de volume, dont les vides se garnissent par la mouillure.

J'ai opéré ensuite sur de menus graviers, dont la grosseur n'excédait pas celle d'une petite noisette. Dans un mètre cube de ces graviers, j'ai également introduit de l'eau, et 450 litres ont garni tous les vides : d'où il suit, que dans *un mètre cube* de ces graviers, les vides y sont compris pour 0, 45.

Après cela, j'ai fait la même expérience sur des graviers d'une grosseur ordinaire, telle que celle indiquée pour l'entretien des routes; pour ceux-là, il a fallu 440 litres d'eau : ce qui équivaut à 0, 44 de vides pour un mètre cube.

Enfin, j'ai procédé sur *un mètre cube* de cailloux, et j'ai trouvé que les vides étaient de 0, 46 pour *un* mètre.

Il faut remarquer que les vides diminueront nécessairement selon que les menus graviers seront plus ou moins garnis de sable, ou bien que les menus graviers seront mélangés avec les gros graviers, et ceux-ci avec les cailloux : cela est aisé à comprendre.

En parlant des mortiers et des bétons, j'aurai l'occasion de faire connaître l'importance des expériences que je viens de rapporter.

ARTICLE II.

DES MORTIERS.

Les mortiers sont généralement nécessaires pour les maçonneries, quelle que soit l'espèce de matériaux qui les composent. Leur constitution sera toujours du même genre quant aux proportions de la chaux et du sable; mais la quantité *par mètre cube* de maçonnerie devra varier selon que les ouvrages à exécuter seront en pierres de taille, en libages ou moellons, en briques, ou en béton.

Ayant déjà reconnu que les mortiers à chaux grasse, sans mélange de base hydraulique, ne pouvaient obtenir une consistance convenable dans un délai quelconque, et que, dès-lors, ils étaient d'une inefficacité absolue dans les maçonneries, je n'aurai point à m'en occuper: je ne parlerai donc que des mortiers hydrauliques.

La dénomination *hydraulique,* donnée aux mortiers de cette espèce, a pu faire supposer que leur emploi ne pouvait être efficace que dans le cas d'une immersion constante ou momentanée: c'est cependant une grave erreur. Les mortiers hydrauliques doivent toujours être préférés pour les maçonneries quelconques, soit immergées, soit à l'air libre, à raison de leurs propriétés d'acquérir en peu de temps une très-grande dureté, et de diminuer les causes de destruction des murs par l'effet de l'humidité. Il faut dire, cependant, que l'usage de ces mortiers a reçu, depuis quelque temps, beaucoup plus d'extension, et qu'il est maintenant spécialement prescrit dans les travaux des ponts-et-chaussées.

Un autre motif a pu retarder l'usage des *mortiers hydrauliques* dans quelques travaux d'utilité publique et dans les constructions particulières : c'est celui de l'économie. Or, il faut dire d'où vient que les mortiers hydrauliques doivent coûter plus cher que les mortiers faits eu chaux grasse. Au moyen de l'éteignage, les chaux hydrauliques ne produisent, en pâte, que de 1 un quart à 1 et demi pour *un* de leur volume en chaux vive, tandis que l'on obtient des chaux grasses *deux* pour *un*, et quelquefois plus : c'est ce que l'on appelle le *foisonnement* des chaux, ainsi que je l'ai déjà expliqué en parlant de leur extinction. Ainsi, la chaux destinée aux mortiers étant mesurée en pâte, on conçoit qu'il doive y avoir une différence de prix, en admettant, d'ailleurs, que les chaux, grasse ou hydraulique, soient payées également cher : la mesure de la chaux étant la même dans les deux cas. L'excédant de dépense peut être aisément apprécié, et je ne pense pas qu'une administration quelconque, ou même un propriétaire, consente à en faire l'économie pour des constructions, quelque peu importantes qu'elles soient, puisque ce serait au préjudice de la solidité et de la durée des ouvrages.

Le but de l'expérience rapportée dans l'article précédent, sur les vides contenus dans une mesure donnée de sable, a été de connaître la quantité de chaux strictement nécessaire pour garnir tous les interstices. Or, nous avons vu que les vides des sables étaient de 35 centimètres pour un mètre : ce qui veut dire que 35 centimètres de chaux en pâte suffiraient rigoureusement pour garnir tous les vides des sables. Mais il faut plus que cela, car autrement toutes les parties tangentes des grains de sable seraient dépourvues de chaux.

Pour faire donc que chaque grain de sable soit également enveloppé de chaux, il faut que les proportions soient fixées à 50 centimètres de chaux en pâte pour un mètre de sable. Ces proportions sont celles généralement adoptées dans la constitution des mortiers, et je les crois suffisantes pour tous les cas possibles.

Quelques constructeurs emploient la chaux éteinte par immersion et réduite en poudre. Dans cet état, la mesure ne serait pas suffisante; car on sait qu'en l'amenant en pâte, le volume de la poudre diminue considérablement. Il faudrait donc, dans ce cas, employer 65 à 70 centimètres de chaux en poudre pour un mètre de sable.

Plusieurs moyens sont en usage pour la fabrication des mortiers. Dans les grands chantiers, où l'on en fait une forte consommation, on emploie assez généralement un manège composé d'une ou plusieurs roues tournant dans une cuvette circulaire en maçonnerie, dans laquelle les matières sont successivement projetées; et lorsque l'on reconnaît que le mélange est complètement fait, on découvre une trappe placée sur une partie du fond de la cuvette, par laquelle les mortiers tombent dans la chambre inférieure, d'où ils sont enlevés pour être remis sur le lieu de construction des maçonneries. Les fig. 1, 2 et 3 de la pl. III, donnent le dessin de ce manège, tel que je l'ai vu employé dans plusieurs grands travaux. Les mortiers ainsi faits sont généralement bien mélangés. L'usage de cette machine peut donc être avantageux , non-seulement sous le rapport de la bonne qualité des mortiers, mais encore sous le point de vue de l'économie (1).

(1) Voici la description de cette machine, telle qu'elle est donnée par M. le général Treussard :

« L'appareil se compose d'une fosse circulaire, faite en maçonnerie, ayant les deux côtés inclinés ; la section de cette fosse donne un trapèze qui a 0 mètre 60 au fond , 1 mètre dans le haut, et 0 mètre 40 de profondeur ; le cercle intérieur de la fosse a 1 mètre 40 de rayon ; au centre, il y a un noyau en maçonnerie, dans lequel est fixé un axe vertical en bois, qui a 3 mètres de longueur sur 0 mètre 20 d'équarrissage, et qui est engagé dans la maçonnerie d'environ 1 mètre 50 ; cet axe se termine à sa partie supérieure par un tourrillon de 0 mètre 13 de diamètre et de 0 mètre 15 de hauteur, autour duquel s'adapte un collier en fer coulé, portant latéralement deux tourrillons horizontaux de 0 mètre 08 de diamètre et de 0 mètre 12 de longueur ; une pièce de bois de 8 mètres de longueur est encastrée par son milieu dans le collier sur le poteau vertical. (Au lieu d'une seule pièce de bois on peut en prendre deux de 4 mètres en les garnissant de fortes armatures en fer à leur jonction sur l'axe vertical.) Cette pièce est placée horizontalement et à environ 0 mètre 33 d'équarrissage de son milieu ; elle va ensuite en s'amincissant vers les deux extrémités, de manière à servir d'essieu à deux roues verticales à large jante, ayant 1 mètre 80 de diamètre et 0 mètre 15 de largeur de jante ; ces deux roues posent au fond de la fosse circulaire de manière à ce que l'une rase le talus intérieur et l'autre le talus extérieur de la fosse. A chacune des extrémités de la barre est attaché un cheval dont l'effort fait mouvoir les deux roues dans le bassin. Contre la barre horizontale sont adaptées, au moyen de deux charnières, deux espèces de socs inclinés en sens contraire du mouvement , et dont l'extrémité inférieure est à 0 mètre 05 du fond de la fosse. Ces socs sont placés l'un à droite et l'autre à gauche du centre de rotation , de manière à ce que l'un d'eux rase le talus intérieur et l'autre le talus extérieur de la fosse, pendant que les roues circulent au pied du talus opposé aux socs.

Voici comment on fait le mortier. On jette dans le bassin un mètre cube de chaux en pâte, puis on met les chevaux en mouvement ; on ajoute un peu d'eau si cela est nécessaire, et lorsque la pâte est réduite en bouillie bien liquide et bien homogène, on y jette à la pelle le sable que l'on croit devoir mettre dans le mortier, sans arrêter le mouvement ; au bout de 20 à 25 minutes le mélange est bien fait, et on retire le mortier. On voit dans le mouvement de la machine que l'effet des deux roues et des deux socs est de bien mélanger le mortier. On peut, avec cette machine , faire 12 bassinées de 3 mètres cubes chacune en 10 heures de travail ; et les agents nécessaires pour le travail sont 4 manœuvres, 2 chevaux avec leurs conducteurs, et un maçon , chef d'atelier, pour diriger la fabrication. La façon d'un mètre cube de mortier ne revient, à Paris, qu'à 0 fr. 53 c. , ce qui

Dans les ateliers où l'on ne dépense à-la-fois qu'une faible quantité de mortiers, l'emploi de la machine n'est pas avantageux. On se borne alors à faire les mortiers suivant la méthode ordinaire et à force de bras, au moyen du rabot en fer, fig. 8, pl. I; mais l'usage de cet outil fait supposer que la pâte de la chaux est encore assez ductile pour en permettre le broyement, sans quoi il deviendrait indispensable d'avoir recours aux pilons en fonte, fig. 5; car on sait que, par l'effet du pilonage, il est aisé de ramollir la chaux, et de reproduire une partie de l'eau qui y était latente par l'effet de l'extinction.

Les chaux hydrauliques éteintes par le procédé ordinaire, et réservées dans des bassins, acquièrent, en peu de temps, une grande dureté (1) : on ne doit donc en éteindre qu'au fur et à mesure des besoins, en observant, toutefois, un intervalle de douze heures au moins, entre le moment de l'éteignage et celui de la fabrication des mortiers. Après quinze jours d'extinction, pour les chaux moyennement hydrauliques, on ne peut plus les ramollir qu'au moyen des pilons ou du manège. Les chaux éminemment hydrauliques sont déjà très-compactes du sixième au huitième jour.

Si les mortiers sont fabriqués au moyen du rabot ou des pilons, l'aire devra être carrelée ou placheiée, afin de faciliter la manipulation et d'éviter l'absortion que le sol produirait nécessairement. Il sera non moins essentiel de faire les mortiers à couvert, pour empêcher une dessication trop rapide par l'effet du soleil, et pour les mettre à l'abri de la pluie pendant ou après la mani-

présente une économie considérable. Il serait donc à désirer qu'on fît un fréquent usage de cette machine dans les places où il y a des constructions importantes. » ,

(1) C'est cette faculté de durcir promptement dans la fosse, dit M. Vicat, qui donne à la chaux hydraulique une si mauvaise réputation parmi les ouvriers : aussi n'est-ce qu'à la dernière extrémité, et faute d'autre, qu'ils consentent à l'employer. Ils s'efforcent alors d'en retarder la prise, en la noyant, autant que la chose est possible : c'est ce qu'ils appellent *l'amortir*, expression qui n'est point synonyme d'*éteindre*, mais qui signifie proprement : *ôter à la chaux la force, l'énergie*, qui la fait devenir pierre après l'extinction.

pulation. Si l'on fait usage du manège, on aura le soin de le recouvrir d'une tente en toile.

Les mortiers devront, autant que possible, être fabriqués sans addition d'eau, contre l'usage adopté généralement par les maçons, qui les font très-mous pour en faciliter la main-d'œuvre ; il ne faut pas s'écarter du principe : *mortier ferme et matériaux imbibés.*

ARTICLE III.

PROPORTIONS DES MATIÈRES, ET ORDRE DE LEUR COMBINAISON.

Pour obtenir des bétons bien constitués, il faut considérer comme principe absolu, que toutes les matières à amalgamer soient combinées dans des proportions telles que le tout forme une masse homogène, compacte, et qui ne laisse pas de vides dans les massifs. Observons, pour cela, ce qui se passe dans la constitution des bétons : la chaux doit être considérée comme partie enveloppante du sable, et l'on obtient du mortier ; pour les bétons, c'est le mortier qui sert à son tour d'enveloppe aux graviers, pierrailles ou cailloutis.

On conçoit aisément d'après cela que trop ou trop peu de l'une de ces matières doit contrarier l'homogénéité du béton. Si les sables sont en excès, il y aura des vides, parce que la chaux n'en garnira pas exactement tous les interstices : un excès de chaux serait plutôt nuisible que favorable à la bonne constitution des mortiers. Conséquemment, pour les bétons, trop peu de mortier laisserait sans enveloppe certaines parties des graviers ou pierrailles, et, dès-lors, l'homogénéité serait imparfaite : il est moins dangereux de pécher par trop de mortier sous le rapport de la bonté des bétons ; mais ce serait alors en pure perte.

J'ai expliqué dans le chapitre précédent le choix qui devait être fait de la chaux hydraulique, du sable et des graviers ou rocailles : je n'en parlerai donc pas de nouveau. J'ajouterai seu lement, quant aux graviers ou pierrailles, que leur grosseur devra toujours être proportionnée aux épaisseurs des maçonneries faites en béton : ainsi pour des murs ou voûtes de 20 à 50 centimètres d'épaisseur, cette grosseur ne devra pas excéder celle exigée pour les graviers destinés à l'entretien des routes ; pour des épaisseurs plus fortes, on pourra employer des graviers ou rocailles d'un plus gros volume : mais dans ce cas, ces matériaux, qui gèneraient la manipulation, seront mis en place et noyés dans le béton après son emploi, en tenant compte, dans la proportion des graviers, du volume occupé par les matériaux qui y seraient adjoints. Mais cela ne pourra être ainsi pratiqué que dans les épais massifs ou dans les fondations : les parements devront toujours être faits en menus graviers.

Dans la combinaison des sables avec les chaux hydrauliques, il faut avoir égard au degré de foisonnement des chaux ; et l'on observera que celles qui foisonnent le plus, peuvent admettre plus de sable que celles dont le volume est moindre après l'extinction.

On a vu (article 2) que les vides compris dans les graviers de toute grosseur, étaient de 45 centimètres par mètre cube de ces matériaux. D'après cela, il faut donc au moins 60 centimètres de mortier par mètre cube de graviers, pour garnir tous les vides et pour que chaque particule de graviers ou pierrailles soit enveloppée de mortier.

Pour la constitution des bétons, on peut procéder de deux manières différentes. L'une d'elles consiste à disposer sur le chantier les mesures de chaux, de sable et de graviers, et l'on mélange successivement le tout : c'est le moyen adopté pour la fabrication à l'aide du rabot et des pilons. Par l'autre, qui se rapporte au mode de façon des mortiers avec la machine, le mortier est mesuré en seul dans une proportion analogue à la mesure des graviers, et l'on amalgame le tout pour en former le béton.

Je vais rapporter plusieurs exemples de proportions adoptées par divers constructeurs, qui serviront de règle dans les divers cas de combinaison de bons bétons.

Le béton employé par M. Vicat aux fondations du pont de Souillac, sur la Dordogne, était composé comme suit :

Sable granitique......................	0 ^{m} 39 ^{c}
Cailloux et graviers..................	0 66
Chaux hydraulique en pâte.............	0 26
Ensemble..................	1 ^{m} 31 ^{c}

qui se réduisaient à un mètre cube de béton manipulé et mis en place.

M. le général Treussart nous apprend que les bétons employés à Strasbourg à des fondations de revêtements et autres travaux de ce genre, étaient composés de la manière suivante :

Chaux hydraulique mesurée vive...........	0 ^{m} 30 ^{c}
Sable.........................	0 60
Graviers et recoupes de pierres.............	0 60
	1 ^{m} 50 ^{c}

qui se réduisaient à 1 mètre 20 centimètres cubes après la manipulation des matières.

Le béton fabriqué à Huningue pour les fondations d'ouvrages dirigés par M. Beaudemoulin, ingénieur des ponts-et-chaussées, était composé des proportions ci-après déterminées :

Chaux hydraulique en pâte...............	0 th 22 ^{c}
Sable.........................	0 40
Graviers et cailloux.....................	0 69
	1 ^{m} 31 ^{c}

qui ne donnaient que 1 mètre cube de béton.

Au pont de Cahors, sur le Lot, le béton a été constituée comme suit :

Chaux hydraulique en pâte..................... 1 ^{m} 00 ^{c}
Sable de rivière........................... 2 00
Graviers ou pierrailles.................... 2 50
____
5^m 50 ^{c}
____

Toutes ces matières mélangées ne devaient donner, d'après les calculs des ingénieurs, que 4 mètres cubes effectifs de béton : résultat à-peu-près conforme aux calculs qui précèdent.

Dans les devis des travaux du canal latéral à la Garonne, section de Toulouse, on a supposé que l'on obtiendrait le mètre cube de béton, manipulé et mis en place, au moyen des proportions suivantes :

Chaux hydraulique vive.................... 0 ^{m} 25 ^{c}
Sable....................................... 0 50
Petits galets ou cailloux.................. 0 70
____
1^m 45 ^{c}
____

Le béton qui a été employé à la construction du pont de Grisolles, tant pour les culées que pour la voûte, a été composé comme suit :

Chaux hydraulique en pâte................. 0 ^{m} 26 ^{c}
Sable....................................... 0 39
Graviers 0 65
____
1^m 30 ^{c}
____

donnant 1 mètre cube mis en place.

Cela résulte, en moyenne combinaison, de plusieurs expériences qui ont été faites.

Pour la construction des réservoirs de la rue Racine, de la rue Vaugirard et de l'Estrapade, à Paris, les bétons ont été composés dans les proportions ci-après :

1.º Pour les fondations :

Mortier. — Chaux hydraulique en pâte............... $0^m\ 33^c$

Sable................................ 0 99

$1^m\ 32^c$

Béton. — Mortier........................... $0^m\ 52^c$

Pierrailles ou cailloux................ 0 78

$1^m\ 30^c$

2.º Pour les maçonneries au-dessus du sol, et pour les voûtes des bassins.

Mortier. — Chaux hydraulique en pâte............ $0^m\ 35^c$

Sable............................. 1 03

$1^m\ 38^c$

Béton. — Mortier............................ $0^m\ 55^c$

Pierrailles ou cailloux................. 0 75

$1^m\ 30^c$

Quelques constructeurs pensent que le mélange de la chaux avec le sable ne doit pas donner, en mortier, une mesure plus forte que celle du sable seul ; c'est-à-dire que la chaux serait perdue dans les interstices du sable, et ne donnerait aucun foisonnement. S'il en était ainsi, le mortier n'aurait pas l'homogénéité convenable, car cela supposerait que les grains de sable ne sont pas suffisamment enveloppés de chaux. Des expériences, plusieurs fois répétées, m'ont prouvé, au contraire, que le volume du mortier était sensiblement plus fort que la mesure du sable : il en est de même du béton résultant du mélange du mortier et des graviers ou pierrailles. La moyenne de ces expériences m'a donné les résultats suivants :

Un mètre cube de chaux en pâte mélangée à *un mètre cinquante centimètres cubes* de sable, m'a donné *un mètre quatre-vingt-dix centimètres cubes* de mortier : d'où il résulte, évidemment un foisonnement de *quarante centimètres cubes* , et que *soixante centièmes* de chaux ont servi à garnir les vides et d'enveloppé des grains de sable.

A ce mortier, j'ai fait amalgamer *deux mètres cinquante centimètres cubes* de graviers , et j'ai eu en béton un produit de *trois mètres quatre-vingt-dix centimètres cubes.*

Ainsi, *cinq mètres cubes* de ces matières ont donné *trois mètres quatre-vingt-dix centimètres cubes* de béton : perte de volume, un peu plus d'un cinquième.

Ces expériences concordent parfaitement avec les calculs des sous-détails ci-dessus rapportés, et surtout avec ceux du pont de Cahors.

Il convient de faire remarquer que le foisonnement des mortiers doit diminuer en raison de l'augmentation du sable sur les proportions d'après lesquelles j'ai opéré. Il en est de même du béton, si la quantité du gravier en est plus forte. Ce qui se passe alors peut être aisément compris, si l'on considère que l'augmentation de volume ne provient que des parties enveloppantes, et qu'elle doit être plus ou moins grande, selon la quantité des matières à envelopper.

D'après toutes les données qui précèdent , on peut admettre que des bétons seront convenablement constitués , à quelques ouvrages qu'ils seraient destinés , en adoptant les proportions suivantes, qui , après le mélange, produiront un mètre cube de cette espèce de maçonnerie :

Chaux hydraulique en pâte.	0 ^{m} 26 ^{c}
Sable.	0 39
Graviers ou rocailles	0 65
	1^m 30 ^{c}

Dans quelques circonstances, telles, par exemple, que s'il s'agit de fondations de murs, où l'homogénéité du béton n'est pas rigoureusement nécessaire, on peut, par mesure d'économie, augmenter la dose du sable et du gravier; ou bien, si les proportions des matières restent les mêmes, on pourra *noyer* dans le béton une certaine quantité de gros cailloux ou de débris de pierres. Dans ce cas, ces proportions, dont j'ai fait usage plusieurs fois, peuvent être ainsi fixées :

Chaux hydraulique en pâte.................	0^m	26^c
Sable...	0	52
Graviers, pierrailles, ou gros moellons......	1	00
	1	78

qui doivent donner un 1 mètre 30 centimètres cubes.

Comme dans les chantiers il serait quelquefois gênant de mesurer exactement les matières dans les proportions sus-indiquées, et que, d'ailleurs, il serait difficile, pour ne pas dire impossible, de manipuler convenablement dans un même tas, une aussi grande quantité de ces matières, on adoptera une mesure quelconque qui servira au dosage par parties analogues. Ainsi, les matières pourront être mesurées dans des comportes d'une capacité quelconque, mais égale pour la chaux, le sable et les graviers : celles dont je fais ordinairement usage ont la forme indiquée fig. 4, pl. I : leur diamètre est de 50 centimètres, et leur hauteur intérieure, de 44 centimètres, donnant une cube de 9 centimètres.

En suivant les proportions établies pour la quantité des matières, on trouve que le dosage au moyen des comportes doit être établi comme suit :

Chaux hydraulique en pâte.............	1	comporte.
Sable...	1	1/2.
Graviers ou rocailles......................	2	1/2.
Total.........	5	comportes.

qui, selon les expériences sus-relatées, ne doivent donner que trois comportes 9 dixièmes de béton.

Ces proportions sont celles qu'il convient d'adopter pour des murs en élévation ou des massifs de voûtes. Mais, s'il s'agit de fondations ou grosses maçonneries qui n'exigeraient pas les conditïons voulues pour atteindre la plus grande homogénéité possible, alors ces proportions pourront être ainsi combinées :

Chaux hydraulique en pâte	1 comporte.
Sable	2
Graviers ou rocailles	4
	7 comportes.

qui doivent produire 5 compoftes de béton.

D'après la contenance de chaque comporte, fixée à 9 centimètres cubes, on voit que la quantité de matières à manipuler, au moyen des rabots et des pilons, serait de 45 centimètres cubes, se réduisant à 35 centimètres de béton, par l'absortion du mortier introduit dans les vides des graviers ou rocailles. Ainsi donc, la manipulation n'aurait lieu, pour chaque *volée* (1), que sur un tiers de mètre cube environ. Cette quantité de matières est suffisante pour ne pas fatiguer inutilement les ouvriers, et pour obtenir un mélange convenablement fait.

Si l'on fait usage d'une machine quelconque pour la fabrication des mortiers ou bétons, on pourra employer au dosage des matières une mesure toute autre que des comportes : des baquets, par exemple, en observant l'ordre fixé pour ces dosages.

La pâte obtenue par l'extinction des chaux hydrauliques suivant le procédé ordinaire, que j'ai indiqué comme étant le meilleur, est, au bout de quarante-huit heures, déjà ferme et compacte. Déposée dans les comportes au sortir du bassin, elle laisserait beaucoup de vides dans l'intérieur, et la mesure ne serait

---

(1) J'appelle volée le béton provenant de chaque partie de l'atelier composée de quatre ouvriers, manipulant à-la-fois les cinq parties de chaux, de sable et de graviers : le tout donnant 33 centimètres cubes de béton.

pas exacte si l'on n'avait pas le soin de la pilonner. C'est à cela qu'il faut veiller particulièrement pour prévenir la fraude des entrepreneurs ou ouvriers intéressés. Cet inconvénient ne serait pas à craindre si la chaux était éteinte dans les comportes, ainsi que je l'ai expliqué en parlant de ce mode d'extinction des chaux.

On rencontre souvent dans les chaux hydrauliques, après leur extinction, des incuits ou biscuits qui résistent à la pression du rabot ou du pilon. Il faut avoir soin de ne pas mélanger ces pierres dans les bétons, parce que s'éteignant à la longue, ces incuits pourraient altérer la bonté des maçonneries. Cette précaution est moins indispensable si les mortiers sont faits au manège, parce que alors tout est broyé et réduit en pâte au passage des roues.

ARTICLE IV.

CHANTIER DE MANIPULATION DES BÉTONS : OBJETS DONT IL DOIT ÊTRE POURVU.

Le chantier qui doit servir à la manipulation des bétons devra être le plus possible rapproché du lieu de la construction des maçonneries, afin d'éviter la perte de temps occasionnée par une distance trop éloignée, pour le transport du béton à sa place.

Son étendue sera calculée en raison de l'importance des travaux à exécuter et du nombre d'ouvriers à employer.

Il sera disposé sur une aire à-peu-près de niveau, carrelée en briques ou planchéiée, pour que le sol n'absorbe pas la partie humide des mortiers, et encore pour que le jeu des pelles et pilons s'opère avec plus de facilité.

Les bassins servant à l'extinction de la chaux devront être construits à côté de l'aire de manipulation. Je rappellerai ici ce que j'ai déjà dit en parlant de l'extinction des chaux : Que les dimensions les plus convenables à donner aux bassins, sont, pour chacun intérieurement, de 3 mètres de longueur, 2 mètres de largeur, et 50 centimètres de hauteur, entourés de murs de 40 centimètres d'épaisseur et carrelés sur une couche de mortier, pour éviter l'imbibition de l'eau par le sol. Il faut prendre les précautions nécessaires pour que ces bassins soient imperméables. Dans tous les cas, deux bassins, placés l'un à côté de l'autre, seront indispensables, afin que l'extinction puisse être opérée alternativement dans chacun d'eux, et que les intervalles de temps entre le moment de l'extinction de la chaux et celui de leur emploi pour les mortiers soient exactement observés.

L'aire devra être recouverte d'une toiture d'une espèce quelconque, afin que, pendant la manipulation, les mortiers et bétons ne soient pas délavés par les pluies et qu'ils soient à l'abri du soleil. La même toiture pourra également recouvrir les bassins.

Il faut de l'eau en abondance à proximité du chantier, soit pour l'extinction de la chaux, soit pour les mortiers dans quelques circonstances, soit pour les graviers ou rocailles s'il étaient d'une nature trop absorbante. Il sera donc à propos de choisir, pour l'établissement de l'aire, le voisinage d'un puits ou d'une eau courante.

J'ai déjà dit que l'étendue de l'aire devait être calculée sur l'importance des travaux à exécuter. Il faut observer pour cela que chaque section, composée de quatre ouvriers travaillant à l'aise, doit occuper un espace de 4 mètres de longueur sur 3 mètres de largeur. Ainsi, pour un atelier composé de dix sections, il faudra une surface de 120 à 130 mètres carrés.

On disposera un magasin le plus près possible des bassins, pour remiser la chaux à son arrivée des fours. Le sol en sera planchéié pour que l'humidité n'altère pas la qualité de la chaux par une extinction lente et spontanée. Les fig. 1, 2 et 3 de la pl. I. indiquent la disposition du chantier établi au pont de Grisolles, qui pourra servir de modèle pour des cas analogues.

L'atelier devra être pourvu d'un nombre d'objets et outils proportionné à la quantité d'ouvriers employés à la manipulation. A cet effet, chaque section devra avoir à sa disposition : 1° deux comportes d'une égale contenance : l'une servant au mesurage de la chàux, l'autre pour le sable et les graviers, fig. 4; mais dans les grands travaux, il est plus économique de placer des ouvriers occupés uniquement au mesurage des matières dont ils approvisionnent chaque section au fur et à mesure des besoins: dans ce cas, le nombre des comportes pourra être restreint; 2° de trois pilons en fonte à manches de bois de 1 mètre 20 centimètres de longueur. Ces pilons auront la forme d'un œuf et un poids de 4 kilogrammes environ ; un trou de sept à huit centimètres de profondeur sera pratiqué à l'un des bouts, pour y adapter le manche (Voyez la fig. 5, pl. I); 3° une pioche à trois pointes, ayant un long manche, fig. 7, destinée à malaxer et retourner le béton.; 4° un rabot en fer, fig. 8, à l'usage du mortier; 5° enfin, deux pelles en fer, fig. 9, pour servir à relever les matières au fur et à mesure de la manipulation.

Indépendamment des objets que je viens de désigner, il faudra des brouettes, oiseaux (1) ou baquets, pour le transport du béton, du tas d'approvisionnement au lieu de la construction. On ne pourra employer les brouettes que pour les parties d'ouvrages au-dessous du sol; l'oiseau et les baquets serviront pour le transport à divers points élevés de la construction. Il sera également bon de fournir le chantier de un ou plusieurs arrosoirs pour servir à mouiller les graviers ou rocailles s'ils étaient trop secs, et à l'arrosage des maçonneries et des nattes en paille.

ARTICLE V.

MANIPULATION DU BÉTON ; SON EMPLOI A L'AIR LIBRE ET MASSIVATION ; EMPLOI EN IMMERSION.

Après avoir indiqué dans les articles précédents les proportions des matières qui servent à constituer les bétons, et la disposition du chantier avec le nombre d'ouvriers et les objets ou outils dont

____

(1) Espèce de baquet ouvert sur un côté, porté à dos d'homme.

il doit être pourvu, il me reste à parler de la manipulation du béton et de son emploi dans diverses circonstances déterminées.

§ 1ᵉʳ — *Manipulation du béton.*

La chaux en pâte, mesurée dans la comporte, sera déposée sur l'aire où les ouvriers de chaque section, armés de leurs pilons, la briseront en tous sens, en même temps que des manœuvres relèveront successivement en tas les parties étendues par l'effet du pilonnage. Cette manœuvre sera continuée sans interruption, jusqu'à ce que l'on reconnaisse qu'il ne reste plus de parties de chaux non pilonnées, et que la pâte soit devenue quasi-liquide : ce qui arrivera, même sans addition d'eau, car une partie de l'eau, qui y était latente par le fait de l'extinction, reparaîtra sous le pilon, et la pâte deviendra dès-lors assez molle pour recevoir le sable. Hâtons-nous de dire que ce résultat ne peut être obtenu qu'avec la chaux éteinte par le procédé ordinaire : si l'on employait au contraire de la chaux en poudre, éteinte par immersion, il faudrait alors nécessairement de l'eau pour en former une pâte avant l'introduction du sable.

Dès que la chaux sera suffisamment delayée on la laissera quelque peu étendue sur l'aire, et aussitôt on y ajoutera successivement le sable qui doit servir à faire le mortier, toujours à l'aide des pilons et du rabot, sans addition d'eau, en continuant le travail jusqu'à ce que la chaux et le sable soient parfaitement amalgamés.

Le mortier, ainsi fait, sera étendu sur l'aire et l'on y projettera une certaine partie de graviers ou pierrailles, que l'on relèvera ensuite en tas, et le tout sera immédiatement soumis au pilonnage jusqu'à parfait mélange. On continuera de la même manière jusqu'à ce que les graviers, préalablement mesurés et déposés à côté de chaque section, aient été amalgamés au mortier du même tas. Au moyen de la pioche à trois pointes, un ouvrier retournera le béton dans tous les sens afin de mieux en briser la masse et pour que toutes les parties soient également mélangées ; le tas sera changé de place sans cesser le pilonage, et conduit au tas général d'approvisionnement.

Dans ce que je viens d'exposer, relativement à la façon du mortier, on voit qu'il n'est question que de la manipulation à bras d'homme. Mais si les mortiers sont faits au moyen du manège, on n'aura plus, pour confectionner le béton, qu'à déposer sur l'aire le mortier auquel on mélangera les graviers ou pierrailles de la manière sus-indiquée.

Il doit être expressément interdit de jeter de l'eau sur les bétons pendant le mélange du mortier et des graviers ; mais, comme je l'ai déjà dit, si ceux-ci étaient trop secs ou d'une nature trop absorbante, il serait alors nécessaire de les mouiller par avance, en attendant que l'eau soit égouttée avant de les jeter sur les mortiers. Des bétons que j'ai fait fabriquer suivant ce procédé, mais placés à couvert de la pluie et du soleil, ont toujours été convenablement faits sans addition d'eau.

Il est, néanmoins, une circonstance où il faudrait nécessairement faire les mortiers plus mous : ce serait dans le cas où l'on voudrait y ajouter quelques parties de ciment. Alors les mortiers seraient ramollis par une addition d'eau, en quantité telle, qu'après l'adjonction du ciment le mortier pût avoir une assez forte consistance. L'expérience peut seule servir de règle pour la quantité d'eau nécessaire en pareil cas.

Dans une autre circonstance, et alors que les matériaux seraient de leur nature trop humides, ou mouillés par les pluies, il conviendrait de préparer à l'avance une certaine quantité de chaux en poudre, éteinte par immersion, que l'on jetterait par pellées sur les mortiers trop mous, afin de les dessécher. Mais, dans ce cas, il conviendrait de diminuer la quantité de chaux en pâte, d'autant qu'il faudrait y ajouter de la chaux en poudre, afin que la mesure de la chaux, pour une quantité déterminée de mortier, soit toujours la même. La poudre de la chaux pourra être amalgamée dans le mortier, et jamais avec le béton, parce que, dans ce dernier cas, le mélange s'opèrerait fort mal.

En parlant du mode de fabrication des bétons pour les travaux de l'écluse d'Huningue, M. Beaudemoulin, ingénieur, s'exprime ainsi (1) : «... Le béton a été fabriqué, suivant la méthode de M. Vicat, à l'aide de pilons et sans addition d'eau, sous une aire en madriers, couverte et préparée pour 180 ouvriers, partagés en sections de quatre hommes; chaque section travaillait sur un tiers de mètre cube à la fois, et fabriquait quatre tiers par jour.

« Le grand avantage de cette méthode, et celui que nous avons en général recherché pour tous les procédés que nous avons mis en usage, est de partager les masses d'hommes en fractions uniformes, et de les réduire à une action régulière et presque mécanique. La surveillance est alors plus active et plus facile, les pertes de temps moindres, et l'ouvrier apporte à son travail l'intelligence de l'homme, sans pouvoir y joindre ses caprices..... L'ordonnance générale du chantier était telle, que deux piqueurs suffisaient très-bien à la surveillance de cent quatre-vingt ouvriers, et à celle du dosage du sable et du gravier: un chef d'atelier, préposé à l'extinction de la chaux, en faisait la distribution. Un des quatre ouvriers de chaque section était particulièrement employé à l'approche des matériaux, qui absorbait environ les deux tiers de sa journée.

« Sur plusieurs travaux, et particulièrement au canal Monsieur, on fabrique le béton au rabot et avec de la chaux vive, que l'on éteint immédiatement lors de l'emploi. Nous avons essayé cette méthode, qui nous paraît inférieure à celle décrite ci-dessus.

« L'usage du rabot produit en général une trituration beaucoup moins parfaite que celui de pilons en fonte du poids de 4 kilogrammes et demi, manœuvrés verticalement, et de telle sorte

(1) Recherches théoriques et pratiques sur la fondation par immersion des ouvrages hydrauliques. — Paris, Carilian-Gœury, libraire, 1839.

que chaque ouvrier ne peut se dispenser de fournir la quantité d'action qu'on lui demande; on obtient, il est vrai, dans la main-d'œuvre, une faible économie, mais elle est bien compensée par l'infériorité du mélange et par la plus grande quantité de chaux que l'on est obligé d'employer. Or, on sait, par les expériences de M. Vicat, que le béton est d'autant meilleur que l'on se rapproche plus du *minimum* de chaux nécessaire à la liaison des matières qui le composent; en outre, il arrive souvent, par cette méthode, que des fragments de chaux paresseuse ne s'éteignent qu'après la fabrication, et nuisent à la liaison du mélange... »

Quoique j'aie dit que chaque section ou groupe d'ouvriers doit avoir un rabot à sa disposition, ce n'est pas qu'il doive servir à faire le mortier; mais cet outil pourra être utile, soit pour mieux étendre la chaux et le mortier, soit pour détacher ces matières de l'aire et les réunir plus facilement en tas. « Ce n'est pas, dit M. Vicat, avec les outils ordinaires qu'on peut espérer d'arriver au but indiqué : il faut, de toute nécessité, substituer aux rabots les pilons dont il a été parlé ci-devant, et battre les matières d'aplomb, avec force et vitesse. Ce n'est que lorsque le mortier ou ciment est tout-à-fait confectionné, qu'on y introduit la pierraille ou les cailloux qui constituent le béton : cette seconde opération se fait encore à l'aide du pilon. »

Le béton employé aux fondations du pont de Cahors, sur le Lot, était, selon les indications du devis, fabriqué de la manière suivante : on disposait, sur l'aire préparée pour la manipulation, un bassin circulaire formé de sable, au milieu duquel on plaçait la chaux en pâte; on mélangeait ensuite ces matières à l'aide de pilons en bois (les pilons de bois furent remplacés par d'autres en fonte du poids de 4 kilogrammes), et de manière à en former une pâte homogène assez ferme, quoique liante. Lorsque ce mélange était bien constitué, on y jetait le gravier ou pierrailles par parties successives, que l'on mélangeait, toujours avec les pilons, jusqu'à ce que le tout formât une masse parfaitement

liée dans toutes ses parties. Cela fait, le béton était immédiatement porté sur les échafauds, jeté et battu dans les caisses à fonds
mobile et descendu au fond de l'eau.

Une condition expressément imposée dans le devis, portait que
tout béton ou mortier quelconque qui aurait durci sur l'aire et
perdu sa ductilité, serait rejeté et ne pourrait être employé sur
aucune partie des travaux. L'auteur du projet n'était pas en cela
d'accord avec M. Vicat, qui pense au contraire, que, quand à raison d'évènements imprévus, on est forcé, sur les travaux, d'ajourner l'immersion d'une certaine quantité de béton déjà préparé, et
que, par suite, ce béton vient à durcir, il n'y a point d'inconvénient à le rebattre de nouveau, et à le ramener à sa consistance
première avec addition d'eau : pourvu, toutefois, que la dureté
acquise ne résulte que d'une dessication très-rapide, provoquée
en quelques heures par un coup de soleil ou un vent brûlant.

Le béton ainsi ramolli, suivant l'avis de M. Vicat, pourrait
sans doute acquérir une assez forte prise, mais je doute fort que
sa consistance pût parvenir au degré qu'elle eût obtenu sans l'inconvénient signalé. Il conviendrait mieux, ce me semble, de mêler le béton ainsi desséché, à de nouveau béton fabriqué un peu
plus mou, en raison de l'état de dessication de celui à amalgamer.
C'est de cette manière que j'ai toujours procédé en pareille
occasion.

Après avoir expliqué les procédés à employer pour la fabrication du béton à bras d'homme, disons un mot de quelques machines employées par certains constructeurs pour la manipulation
des mortiers et bétons.

J'ai parlé, à l'article des mortiers, de la machine à manège,
mue par des chevaux, que j'ai vu fonctionner avec succès sur
plusieurs grands travaux, et notamment sur ceux du canal latéral à la Garonne et des fortifications de Paris. J'ai dit aussi
que cette machine fonctionnait assez bien, et que les mortiers
produits paraissaient être bien confectionnés. M. Vicat fait obser-

ver, néanmoins, que ce moyen, qui a été employé à la fabrication des mortiers hydrauliques du canal Saint-Martin, quoique dans le mortier ainsi gâché le sable et la chaux soient très-exactement mêlés et à consistance toujours égale, produit un mélange qui est loin d'atteindre le degré de fermeté qui convient, et auquel on ne parviendra jamais avec les meules, roues ou herses. « C'est au bocard, dit-il, qu'il faut s'adresser pour résoudre le problême, et la solution n'en est pas sans difficulté. » Il ne suffit pas, en effet, de frapper fort et vite : il faut frapper juste, c'est-à-dire de manière à ne pas perdre les coups. Or, c'est là ce qui constitue l'adresse : qualité dont les machines ne sont susceptibles que jusqu'à un certain point.

Pour aller plus vite dans la fabrication du béton, et obtenir de l'économie dans la main-d'œuvre à bras d'homme, on a imaginé plusieurs espèces de machines. Entre celles que l'on a pu inventer à cet effet, ou que le génie de l'homme pourrait encore mettre en pratique, j'en ai vu fonctionner deux que je vais décrire en peu de mots.

L'une de ces machines était employée à la fabrication des bétons destinés à la construction des réservoirs de l'Estrapade, à Paris. Elle se compose d'un chassis en charpente, placé horizontalement, supportant, à des distances régulières, une série d'augets en bois garnis en tôle d'une égale capacité, avec des manches en saillie au dehors pour les faire mouvoir. Le mortier et le gravier sont jetés à-la-fois dans le premier auget, et deux ouvriers, prenant les manches sur les deux côtés, relèvent l'auget et projettent les matières dans le deuxième ; d'autres ouvriers relèvent celui-là pour en jeter le contenu dans le troisième auget ; et l'opération est continuée de la même manière jusqu'au dixième, placé à l'extrémité de la machine, d'où le béton, ainsi confectionné, est projeté sur l'aire, pour, de là, être transporté au lieu de la construction. Le mouvement de cette machine doit être pénible aux ouvriers, quoique facilité par l

jeu des augets sur des tringles ou boulons fixés aux longrines supérieures du châssis. Le mortier et les graviers sont sans doute
bien mélangés, mais y a loin de là aux résultats que l'on obtient
au moyen des pilons.

L'autre machine, que j'ai vu fonctionner, diffère peu de la
précédente; c'est le même chassis, mais vertical, au lieu d'être
horizontal; et les augets sont remplacés par des *ventelles* en fer
battu, mises en jeu par le haut au moyen de tringles, placées à
l'extérieur, auxquelles viennent s'adapter des ressorts pour les
faire mouvoir en bascule. Ces ventelles sont baissées et relevées
par un mouvement vertical de va-et-vient, alternativement de
chaque côté du chassis, et les matières s'écoulent successivement
jusqu'au fond en se mélangeant dans le trajet: elles tombent
alors sur le tas commun, et le béton est censé terminé. Cette
machine n'est pas plus avantageuse que la précédente, sous le
rapport d'une bonne manipulation; il y a mélange des matières,
et voilà tout; mais cela ne peut suffire. Elle offre, d'ailleurs, l'inconvénient de ne pouvoir servir que pour des excavations profondes, vu l'élévation de la machine, qui est de plus de cinq mètres, parce que les matières doivent être, dans tous les cas, in-
troduites par le haut, ainsi que cela se comprend aisément. Dans
tout autre position de travaux, le service en serait pénible et
dispendieux, à raison de la hauteur à laquelle il faudrait transporter les matières servant à la composition des bétons.

Redisons-le, enfin, la manipulation du béton ne saurait être
mieux confectionnée qu'à bras d'homme et à l'aide de pilons.

§ 2. — *Emploi du béton à l'air libre et massivation.*

On sait maintenant que le béton, fait en matériaux de bonne
qualité, combiné dans des proportions convenables, et manipulé
suivant de bons procédés, peut remplacer toute autre espèce de
maçonnerie, employée à l'air libre, pour la construction de murs,
voûtes et massifs quelconques.

Tous les constructeurs qui, jusqu'à ce jour, ont parlé dans leurs ouvrages de l'usage que l'on pourrait faire du béton, n'ont considéré cette espèce de maçonnerie que sous le rapport de son emploi en *immersion*, ou pour les fondations; et ce n'est que depuis quelques années que l'on a songé à l'utiliser à des constructions aériennes, exposées aux intempéries de l'atmosphère.

Je m'occuperai maintenant des procédés à suivre pour des constructions à l'air libre; et, dans le § suivant, j'entrerai dans quelques détails relativement à l'emploi du béton en immersion.

Beaucoup de constructeurs avaient pensé, et plusieurs partagent encore la même idée, que les mortiers hydrauliques ne devaient être employés que pour les maçonneries souterraines ou immergées: c'est une grave erreur. Je l'ai déjà dit, et on ne saurait trop le répéter: les mortiers hydrauliques donneront toujours des résultats infiniment supérieurs à ceux de chaux grasse, dans quelques circonstances qu'ils soient employés, soit pour des maçonneries en briques ou moellons, ou pour des crépissures et enduits.

S'il s'agit de la construction en béton de fondations de murs, ou massifs quelconques souterrains, on observera que les fouilles soient faites jusqu'au fond solide, et que les parements des tranchées soient dressés d'aplomb autant que possible. Cela fait, le béton sera jeté dans ces tranchées où un ouvrier sera occupé à le massiver en tout sens, et surtout contre les parois, de sorte qu'il n'y ait pas de vides, et que le massif soit homogène. Si les bétons ont acquis, au moment de leur emploi, une certaine consistance, la massivation sera faite au moyen du battoir, fig. 6, pl. I; mais si, au contraire, ils sont un peu mous, on aura recours alors à une spatule, ayant la forme d'un aviron, qui sera préférable, dans ce cas, au battoir qui ferait remonter le mortier.

Pour que la massivation soit plus efficace, le béton sera déposé par couches horizontales de 25 à 30 centimètres au plus, en continuant de la même manière jusqu'au sommet de la tranchée.

Dans le cas où la nature du terrain n'aurait pas permis de dresser assez d'aplomb les faces de la tranchée, on se servirait, pour former les parois, de planches que l'on relèverait au fur et à mesure, après avoir eu le soin de pilonner de la terre dans le vide entre les parements de la maçonnerie et le terrain.

On conçoit d'avance la facilité avec laquelle les tranchées pourront être ainsi garnies de maçonnerie. On peut éviter par ce moyen les accidents auxquels, dans des fouilles d'une grande profondeur, sont exposés les ouvriers qui bâtissent en moellons ou en briques, par le danger des éboulements du terrain affouillé. J'ai vu cette méthode employée aux réservoirs de l'Estrapade, à Paris, pour les fondations des pilliers ayant un peu moins de deux mètres en carré, et dont la profondeur était moyennement de sept à huit mètres. Il est évident que ces espèces de puits n'auraient pu être maçonnés qu'avec une extrême difficulté avec les matériaux ordinaires, en prenant, d'ailleurs, de grandes précautions pour éviter des accidents.

Si l'on a à construire des voûtes souterraines, pour caves, aqueducs, etc., on pourra se dispenser de la construction de cintres en charpente. A cet effet, les fouilles des tranchées pour les murs ou pieds-droits des voûtes, seront faites ainsi que je l'ai expliqué ci-dessus, et elles seront garnies en béton jusqu'aux naissances des voûtes. Après cela, on modèlera le terrain compris entre ces deux murs, suivant la forme à donner aux voûtes, soit en plein cintre, en portion d'arc de cercle, ou en arêtes; ce terrain sera fortement battu à la demoiselle, et rendu très-uni, pour qu'il n'y ait pas de flaches à l'intrados de la voûte après sa construction. On travaillera ensuite à la mise en place des bétons, suivant l'épaisseur convenue, en les massivant dans tous les sens: et lorsqu'il sera reconnu que les bétons auront fait une assez bonne prise, on procèdera à l'enlèvement des terres comprises entre ces maçonneries. (Les fig. 1, 2 et 3 de la pl. IV indiquent de quelle manière il faut procéder en pareil cas.) En parlant des divers travaux que j'ai fait exécuter dans ce genre, j'expliquerai avec plus de détails ce genre de construction.

On sait de quelle manière on bâtit en pisé dans certaines localités de la France. L'usage de ces constructions était autrefois très-répandu, et on le pratique encore dans plusieurs départements méridionaux, mais seulement à des bâtiments d'exploitation rurale et de peu d'importance. M. Cointereaux, professeur d'architecture rurale, avait publié, en 1791, plusieurs brochures dans lesquelles il indiquait les procédés à suivre pour les constructions en pisé qu'il employait à des murs extérieurs et intérieurs, et à des voûtes des habitations. Rondelet a aussi parlé de ce genre de construction : il a indiqué les procédés à employer pour ces sortes d'ouvrages, dans son *Traité de l'art de bâtir.*

Suivant la méthode ordinaire des constructions en pisé , on place sur les deux faces des murs que l'on se propose d'élever, de de longues perches d'aplomb, contre lesquelles viennent s'appuyer les planches qui doivent servir à former les parois de chaque côté. C'est entre ces deux planches, disposées suivant l'épaisseur des murs, que les ouvriers portent la terre; et là, elle est fortement battue jusqu'à parfaite compression. Dès qu'une assise est terminée sur toute la longueur ou le développement des murs, on soulève les planches, et on recommence l'opération pour l'assise supérieure; et ainsi de suite jusqu'au sommet de la construction. Quelques constructeurs bâtissent les murs de cette sorte en leur donnant un léger fruit à l'extérieur, afin d'augmenter l'épaisseur des murs à leur base.

Cette manière de procéder pourrait servir, sans contredit, pour des murs à faire en béton; mais il faut considérer que ce moyen ne serait bon que pour ceux d'une faible élévation , à cause de la longueur des perches; et d'ailleurs, il serait difficile d'obtenir des parements assez unis. C'est pour cela qu'il faut avoir recours à d'autres moyens, dont je vais m'occuper.

Le système que je propose n'est que la modification de celui indiqué par Rondelet dans son *Traité de l'art de bâtir*. Il se compose de *banches* reliées par des boulons en fer laissant entre elles l'épaisseur à donner aux murs, et pouvant servir à la construction des murs, quelle qu'en soit l'élévation (fig. 1, 2, 3, 4 et 5 de la pl. II.).

Les banches seront construites aussi légères que possible, pour que les ouvriers puissent les monter et démonter avec facilité dans toutes les positions. On choisira pour cela des planches de sapin ou de peuplier de 3 centimètres d'épaisseur et d'une longueur de 3 mètres, qui forment la longueur de chaque banche. Leur hauteur sera de 65 centimètres, et se composera de deux ou trois planches ajustées de champ et reliées par d'autres planches posées en travers, de mètre en mètre de distance; elles porteront à leur partie supérieure des poignées en fer, dont on comprend aisément l'usage.

Cette construction est à-peu-près semblable à celle indiquée par Rondelet. Mais cet architecte propose de faire supporter les banches par des traverses en bois portant à chaque bout des mortaises, dans lesquelles on place de petits poteaux, qu'il appelle *aiguilles*, avec tenon dans le bas : le tout arrêté par des coins de bois; le haut des banches est maintenu, au droit de chaque paire d'aiguilles, par un liage de cordes, qu'on serre au moyen d'un bâton court, ou garrot. Au lieu de tout cela, il sera préférable de se servir de boulons en fer de 23 millimètres de diamètre, à tête et écrou, et d'une longueur proportionnée à l'épaisseur des murs, en tenant compte des épaisseurs des bois.

La pose de ces banches est très-facile. On place sur les murs en construction les boulons aux distances voulues, et l'on y adapte la partie inférieure des banches; cela fait, on pose les boulons du haut, et l'on serre définitivement les écrous, pour arriver à l'épaisseur du mur: voilà tout ce qui est à faire.

Les banches ainsi posées, on en garnira l'intérieur en béton, en ayant le soin de le massiver, surtout contre les parois des planches, pour qu'ensuite les parements des murs soient très-unis, et que la masse soit parfaitement liée et homogène. On arrivera ainsi jusqu'à la hauteur des boulons supérieurs qui terminera cette assise, dont l'épaisseur devra être de 50 centimètres environ, suivant la hauteur des banches ci-dessus déterminée. Chaque assise en construction devra, autant que possible, être continuée de même dans tout le développement du mur; et, pour cela, il sera nécessaire d'avoir des banches en quantité suffisante; c'est beaucoup, dira-t-on peut-être: mais il faut considérer que les banches d'une seule assise serviront pour tous les ouvrages, quelle que soit leur importance.

Dès que la première assise sera terminée, et que les bétons auront acquis assez de consistance, on procèdera à l'enlèvement des banches en desserrant les écrous et en repoussant les boulons vers la tête pour la partie inférieure; quant aux boulons supérieurs, leur déplacement sera très-facile. Les banches pourront être replacées au-dessus de l'assise terminée, à mesure qu'elles seront enlevées de l'assise inférieure, et l'on procèdera, pour cette assise, ainsi que pour les autres supérieures, de la même manière que je viens d'indiquer. La place des boulons aura laissé, dans les murs ainsi faits, de petits trous que l'on garnira avec de petites parties de béton, sans qu'il soit nécessaire de les reboucher dans toute leur profondeur.

Quelque peu intelligents que soient les ouvriers chargés des constructions de ce genre, ils sauront bien toujours arrêter convenablement les banches et les placer d'aplomb sur les parements inférieurs. D'ailleurs, dans les bâtiments quelconques, les angles et les jambages ou pieds-droits des ouvertures, bâtis en pierres ou en briques, serviront toujours de guide, parce que ces ouvrages seront faits par avance et par assises réglées selon la hauteur des assises de béton.

Les bétons, en constituant leur prise, sont exposés à quelque peu de retrait, par le fait de la dessiccation des mortiers; ils sont d'ailleurs sujets à la loi physique qui régit les matériaux quelconques, en ce qui concerne leur dilatation sous l'influence des variations atmosphériques. Il y a donc quelques précautions à prendre pour les murs en béton d'une vaste surface sans solution de continuité; ce n'est pas que les ruptures qui peuvent se déterminer à des distances plus ou moins éloignées, puissent en rien compromettre la solidité des constructions, puisque les murs ne s'en maintiennent pas moins droits et d'aplomb: mais des fissures, quelque peu apparentes qu'elles soient, sont toujours peu agréables dans une construction quelconque. Dans les constructions en pierres ou briques, les phénomènes précités se produisent également; mais comme les effets de la dessiccation et de la compression se distribuent dans une infinité de joints, dès-lors ils ne sont pas sensibles. Il sera aussi convenable de rompre l'uniformité des faces en béton au moyen de chaînes verticales en pierre ou en briques, placées à 10 ou 12 mètres de distance l'une de l'autre. L'œil sera, d'ailleurs, satisfait de cette disposition, qui peut devenir l'objet d'une décoration architecturale : les chaînes horizontales sont parfaitement inutiles, car les fissures n'apparaissent jamais dans ce sens.

C'est par suite des observations que je viens de soumettre, que j'ai eu l'idée d'adopter un nouveau système d'encaissement pour le moulage de murs en béton. Le dessin en est représenté dans la fig. 4, pl. III.

Ce système consiste à former sur place des encaissements en briques posées de champ, suivant des dimensions arbitrairement déterminées, mais régulières; et on obtient alors des pierres factices d'un volume plus ou moins considérable, placées par assises régulières. Voici de quelle manière on doit procéder pour cette construction :

Les fondations étant arrasées, il faut placer dessus une assise de briques, d'une mince épaisseur, débordant de chaque côté de 5 à 6 centimètres, et parfaitement de niveau. On divise ensuite la longueur du mur en un certain nombre de joints ou compartiments, et l'on élève sur chacun d'eux une cloison en briques de deux, trois ou quatre de hauteur, selon l'épaisseur que l'on veut donner aux assises; ces cloisons doivent traverser le mur dans toute sa largeur, et être construites d'aplomb et perpendiculairement aux parements. On construira en même temps les cloisons parallèles pour les parements, en les reposant sur la saillie des briques de l'assise horizontale et à la même hauteur des cloisons transversales. Ces briques seront posées avec du plâtre de bonne qualité; celles placées à plat seront maçonnées en mortier de chaux en mode de carrèlement.

Après la construction de ces encaissements, on les garnira de béton, que l'on massivera avec soin, afin que le tout forme une masse compacte, en se servant de la *spatule* pour presser le béton contre les faces des briques des parements. Toutes les cases d'une assise étant remplies de béton, on renouvellera l'opération de la pose des briques de carrèlement, en observant la saillie déjà prescrite; cette assise de briques recouvrira le béton des cases inférieures. Cela fait, on enlèvera les briques des parois, qui serviront, après les avoir nettoyées du vieux plâtre, à la construction des parements des nouvelles cases; on placera en même temps les briques formant la division des cases, en observant que l'aplomb de ces nouvelles cloisons corresponde au milieu des compartiments inférieurs, de telle sorte que ces espèces de joints soient régulièrement entrecoupés de la même manière que l'on procèderait pour des constructions en pierres de taille, ayant un appareil régulier et symétrique. On procèdera successivement de la même manière pour toutes les assises supérieures, quel qu'en soit le nombre et l'étendue.

On conçoit que d'après ce système, les briques des assises horizontales, et celles des cloisons transversales formant la division des cases, restent pour toujours perdues et noyées dans les bétons. Il n'y a que les briques des cloisons formant les parements qui pourront être enlevées à chaque assise et être réemployées à de nouvelles assises; mais il faudra, sans doute, en renouveler parfois quelques-unes, qui se briseront par le fait d'un remploi souvent répété.

On laissera de distance en distance dans les murs des ouvertures appelées *trous barriés*, dans lesquels les maçons sont dans l'usage de placer de petites solives en saillie qui servent à supporter les échafauds. Ces trous seront garnis en béton lorsque la construction sera complètement terminée, et que les échafauds seront, dès-lors, sans utilité. La même précaution sera nécessaire pour la construction de murs suivant le système de banches en bois décrit précédemment.

Après la confection de ces maçonneries, et lorsque les bétons auront acquis une dureté convenable, on fera disparaître les saillies de briques qui supportaient les cloisons verticales des parements; et les faces des murs pourront être enduites de mortier, en conservant, si cela convient, l'apparence des joints qui forment l'appareil de ces sortes de pierres factices.

Les dimensions de ces encaissements peuvent être arbitrairement déterminées : toutefois il serait convenable que la hauteur de chaque assise ne dépassât pas la dimension de la largeur des murs, et que la longueur de chaque case soit au moins le double de l'épaisseur de l'assise.

L'usage de ce mode d'encaissement sera très-convenable, surtout pour les murs de rempart ou de soutènement des terres, parce que, pour ceux-là, on ne peut faire emploi des banches en bois, à raison de la forte épaisseur qui leur est ordinairement donnée; et, en outre, on serait souvent gêné par les terres que ces murs sont destinés à soutenir.

Les fig. 5 et 6 de la pl. III font voir de quelle manière les encaissements de ces murs pourront être formés. Il sera très-inutile que les assises horizontales de briques et les cloisons de division des cases soient construites sur toute l'épaisseur des murs :

deux briques en longueur dans le massif seront toujours suffisantes. Ainsi que je l'ai dit ci-dessus, les assises horizontales seront placées en saillie sur le nu du mur pour supporter les cloisons verticales destinées à former le parement; et, s'il y a lieu, celles-ci seront posées suivant l'inclinaison du fruit à donner à ces murs. La pose des bétons aura lieu de la manière sus-indiquée pour les murs à double parement, et l'on procèdera comme je l'ai déjà dit pour l'enlèvement des cloisons de face, et leur reconstruction. Les bétons seront contenus du côté des terres au moyen de planches posées de champ, que l'on soulèvera au fur et à mesure de la confection de chaque assise, en pilonnant fortement les terres contre ces parements. La précaution prise ordinairement de laisser des ouvertures dans ces sortes de murs, pour donner passage à l'humidité provenant du suintement des terres, ne devra pas être négligée pour les murs faits en béton.

On ne saurait trop répéter que la massivation des bétons est une des conditions principales de leur bonne constitution ; et la recommandation faite de les fabriquer sans addition d'eau et à forte consistance, annonce suffisamment qu'au moment de leur emploi ils devront être assez fermes pour permettre la massivation, qui serait plutôt nuisible qu'avantageuse s'ils étaient trop mous. Pour qu'une matière quelconque puisse être massivée avec efficacité, dit M. Vicat, il faut qu'elle ait un certain degré de consistance, qui tienne le milieu entre la pulvérance complète et cet état de ductilité qui constitue une pâte forte. On conçoit, en effet, qu'il n'y a point de compression possible, lorsque la matière peut fuir sous le pilon; et c'est ce que savent très-bien les maçons piseurs, qui n'emploient jamais que de la terre légèrement humectée. Or, on est toujours maître de préparer ainsi le mortier, soit immédiatement, soit, beaucoup mieux encore, en laissant prendre au mortier, gâché à la manière ordinaire, un degré de consistance convenable.

L'effet principal de la massivation est de procurer aux bétons la plus grande homogénéité possible, et de garnir tous les vides : et ce n'est pas tant de battre fort, que de frapper avec intelligence que l'on obtient ce résultat. Une massivation trop prolongée est toujours nuisible ; car alors elle n'a pour résultat que de faire regonfler les mortiers en renvoyant au fonds les graviers ou pierrailles. Elle sera faite avec le plus d'efficacité si l'on opère sur des couches de béton d'une moindre épaisseur.

En parlant de la manipulation des bétons, j'ai dit qu'il était convenable de recouvrir le chantier d'une toiture quelconque, pour éviter qu'ils soient lavés par les pluies ou desséchés trop rapidemment par un soleil brûlant ; il faut aussi éviter ces inconvénients pour les bétons mis en place. A cet effet, au fur et à mesure de la confection de chaque assise, on aura la précaution d'en recouvrir la face supérieure au moyen de nattes ou paillassons qui l'abriteront : ces nattes seront, dans le temps de sècheresse, maintenues constamment humides au moyen de l'arrosage ; on fera bien également de mouiller de temps à autre les parements en béton déjà terminés et mis à découvert.

Toutes les saisons ne sont pas également convenables pour la fabrication des bétons, surtout pour les parties exposées aux vicissitudes atmosphériques. Ce qu'il faut éviter, surtout, c'est d'attendre les grands froids, parce que les gelées détérioreraient les parements s'ils n'étaient déjà secs avant cette époque. Le moment le plus favorable pour ce genre de construction est compris entre les mois d'avril et fin septembre. Pour les massifs souterrains ou de fondations de murs non exposés à l'action des gelées, la fabrication pourra en être faite en tout temps, pourvu que les bétons ne soient pas altérés par la gelée pendant la manipulation et avant leur mise en place.

§ 3. — *Emploi du béton en immersion.*

La nature des travaux que j'ai été appelé à diriger ne m'ayant pas mis à même d'employer du béton en immersion, je ne puis fournir de preuves à l'appui des conseils que je donnerais pour ce qu'il convient de faire en ce genre de travaux ; aussi me bornerai-je à rapporter ici les opinions des divers constructeurs qui ont traité cette matière.

M. Vicat s'exprime ainsi sur cette question :

« Tous les soins apportés à la fabrication sont à-peu-près en pure perte quand l'immersion d'un béton est mal faite. Dans aucun cas on ne doit le lancer à la pelle. Si la profondeur de l'eau est peu considérable, comme d'un mètre par exemple, il faut le conduire jusqu'au fond et l'y déposer doucement. Les trémies devraient être généralement proscrites : la masse d'eau qu'elles renferment, quoique stagnante, détrempe toujours le béton qui la traverse.

« La caisse proposée par Bélidor est, sans contredit, ce qu'il y a de mieux. Nous l'avons simplifiée en lui donnant la forme d'une pyramide quadrangulaire, tronquée, renversée (1) ; on la suspend un peu au-dessus de son centre de gravité ; arrivée au fond, elle se vide, comme les camions, par un mouvement de bascule. Le béton en sort en forme pyramidale, et s'assied constamment sur sa plus large base.

« L'immersion du béton se fait par couches successives, dont l'épaisseur ne doit point excéder 40 centimètres. A mesure qu'une couche s'avance dans l'encaissement, ou la fouille, elle chasse devant elle une bouillie ou laitance qui s'accroît sans cesse, et devient d'autant plus abondante que l'étendue et la hauteur de la couche sont plus considérables. Cette laitance, à raison de sa fluidité, fait place au produit de chaque immersion partielle, et finit, lorsqu'on n'y prend pas garde, par remonter de couche en couche, mais non pas d'une telle manière qu'il n'en puisse rester une épaisseur de 3 à 4 centimètres entre deux couches successives : chose très-fâcheuse ; car, composée, comme elle l'est, d'une

______

(1) Cette caisse a été employée à l'immersion des bétons du pont de Cahors. On avait fait venir celles qui avaient servi aux travaux du pont de Souillac, construit sous la direction de M. Vicat. J'ai remarqué que ces caisses fonctionnaient très-bien.

chaux noyée, cette bouillie ne fait jamais qu'une prise imparfaite, et détruit ainsi la continuité de la masse, dont elle favo-
rise, d'ailleurs, le tassement.

« Il est facile d'obvier à cet inconvénient dans une eau courante : il suffit de ménager de petites ouvertures dans les parois
de l'encaissement, et de les multiplier de manière que l'eau de
l'enceinte puisse se renouveler sans cesse ; on les tient, cependant, assez étroites pour que le béton ne puisse filer au travers.

« Dans une eau stagnante, on peut placer une ou deux fortes
pompes à l'extrémité de l'enceinte où chaque couche vient se terminer, et pomper la laitance à mesure qu'elle arrive. Les balais
sont employés avec succès quand l'encaissement offre une issue ;
mais ce moyen suppose qu'on puisse donner à chaque couche le
temps de faire prise.

« On réduit, au surplus, la formation de la laitance à peu de
chose, quand on apporte un grand soin à l'immersion. On doit se
garder, surtout, de battre le béton immergé : c'est une opération
parfaitement inutile, et, de plus, très-nuisible. Le béton se tasse de
lui-même autant qu'on puisse l'exiger. La massivation n'a d'autre effet que de le délayer et de l'appauvrir. La seule chose que
l'on puisse se permettre, c'est d'étendre et d'affaisser, par compression, mais sans choc, le produit de chaque immersion
partielle.

« Une pratique assez généralement admise autrefois, et qui
dérivait naturellement de cette persuasion que la prise la plus
prompte conduit à la dureté absolue la plus grande, consistait à
employer la chaux bouillante et à immerger le béton tout chaud.
Or, un béton chaud est nécessairement un béton mal broyé. Il
est, en effet, de toute impossibilité que la chaleur développée
par la chaux vive, se maintienne pendant tout le temps qu'exige
une bonne manipulation. Toute manifestation de chaleur, à cette
époque, indique le développement successif d'une chaux paresseuse, et, par conséquent, une extinction et un mélange impar-

faits. Or, si un tel mélange est immergé dans un espace où rien ne le contienne, il se gonfle, se détrempe et s'étend. Nous devons en conclure, qu'il ne convient d'employer la chaux qu'après son entier refroidissement : signe certain d'une extinction complète (1). C'est, au surplus, à la sagacité du constructeur à distinguer quand la chaleur, manifestée par un grand volume de chaux éteinte en pâte, est le résultat d'un travail intime actuel, ou la suite de la première effervescence.

« On ne doit point, comme le prescrit Bélidor, attendre, pour immerger le béton, qu'il ait été privé de sa ductilité par un commencement de dessiccation ; car il se divise, s'émiette alors d'une manière incroyable, et ne forme plus qu'une bouillie dont la prise devient nécessairement très-lente et très-imparfaite : un tel béton n'acquiert dans la suite que du dixième aux trois dixièmes de la dureté dont il est susceptible, quand il est immergé convenablement.

« Quand, à raison d'empêchements imprévus, on est forcé, sur les travaux, d'ajourner l'immersion d'une certaine quantité de béton déjà préparé, et que, par suite, ce béton vient à durcir, il n'y a point d'inconvénient à le rebattre de nouveau, et à le ramener à sa consistance première avec addition d'eau, pourvu : toutefois, que la dureté acquise ne résulte que d'une dessiccation très-rapide, provoquée en quelques heures par un coup de soleil ou un vent brûlant.

« Quand il est possible d'employer les mortiers ou ciments à sec dans une enceinte épuisée, on remplace ordinairement le béton par une maçonnerie. On double alors la résistance future dont ces mortiers ou ciments sont capables, en leur laissant

---

(1) Je rappellerai ici le fait que j'ai déjà observé : c'est que l'on peut sans inconvénient soumettre à la manipulation de la chaux en pâte encore chaude, parce que, pendant l'opération, l'extinction se perfectionne et la chaux perd la chaleur qu'elle pouvait avoir à la sortie du bassin. Je ferai observer, d'ailleurs, que la pâte, conservée dans les bassins, est encore chaude même après vingt-quatre heures de son extinction.

prendre, avant que d'introduire l'eau dans l'enceinte, une certaine dureté compatible encore avec une humidité apparente, telle, en un mot, que la teinte blanche, qui caractérise la dessication, ne se soit point encore montrée. »

M. Treussart n'est point entièrement de l'avis de M. Vicat sur le moment où les bétons peuvent être immergés en raison de leur degré de prise, et il pense que la manière de procéder indiquée par Bélidor ne présente aucun inconvénient. C'est, dit-il, en laissant reposer le béton à l'air, pour lui faire prendre une demi-consistance, avant l'immersion, qu'il a fait construire de grands ouvrages à Strasbourg : tous ces bétons obtenaient en très-peu de temps une grande dureté, et la nette maçonnerie était construite sur ces fondations dans la même campagne, sans qu'il en résultât aucun accident.

On voit, par ce qui précède, que M. Vicat est d'avis que le béton soit immergé pendant qu'il est encore ductile, c'est-à-dire avant le commencement de la dessiccation; et que l'opinion contraire de M. Treussart serait que l'immersion ne doit avoir lieu que lorsque le béton a acquis une demi-consistance, sans prétendre, néanmoins, qu'il y ait un grand inconvénient à immerger le béton lorsqu'il vient d'être fait, mais il croit qu'il est plus exposé à être délavé. Je n'hésite pas, à cet égard, à partager l'opinion émise par M. Vicat.

Relativement à la manière dont le béton doit être descendu sous l'eau, M. Treussart s'exprime ainsi : « .... Une chose importante, pendant qu'on descend le béton, c'est d'éviter, autant que possible, qu'il y ait dans l'encaissement un courant d'eau prononcé, qui délaverait une partie du mortier. On doit, surtout, avoir soin de ménager dans les palplanches, au niveau de l'eau, une petite ouverture, afin que l'eau de l'espace dans lequel on coule le béton, se tienne toujours au même niveau que les eaux environnantes : sans cela, la différence des pressions occasionnerait à travers le béton des filtrations très-nuisibles. Il peut arriver que l'on ait à fonder dans un endroit où il se trouve des sources considérables qui délaveraient le béton et l'empêcheraient de prendre consistance : dans ce cas, le moyen le plus simple de remédier à cet inconvénient, me paraît être de tendre une forte toile goudronnée sur le fond du terrain où se trouvent les sources.

« Il y a plusieurs manières de descendre le béton dans l'eau, ajoute M. Treussart : On se sert quelquefois d'un auget incliné, qui le conduit jusqu'à peu de distance du fond ; mais ce moyen a l'inconvénient de forcer à diviser le béton en petites portions, pour qu'il puisse couler facilement dans l'auget : et alors, il est délavé par les eaux. On a, en outre, l'embarras d'être obligé de changer souvent cet auget de place. Bélidor a proposé, pour descendre le mortier hydraulique, d'employer une caisse que l'on manœuvre au moyen de cordes : on en adapte une au fond de la caisse, et elle sert à la renverser lorsqu'elle est parvenue au fond pleine de mortier. On a pratiqué à Strasbourg un moyen à-peu-près semblable, mais plus commode ; le voici : on a fait faire une cuillère en forte tôle de quatre décimètres de largeur, sur cinq de longueur : le fond de la cuillère est plât ; et elle a des rebords d'un décimètre et demi des deux côtés et sur le derrière ; le devant n'a point de rebord, et est un peu relevé. Cette cuillère est fixée à une anse de fer et carrée, ayant un anneau au milieu. Cet anneau est suspendu à une douille en fer, fixée à un manche de bois. De cette manière, la cuillère est mobile autour de son anse ; on la remplit de béton, et elle se maintient alors dans une position horizontale : au moyen du manche, on la descend remplie au fond de l'eau ; alors, en tirant une ficelle attachée contre le derrière de la cuillère, on la renverse, le béton tombe, et l'on retire la cuillère pour recommencer de nouveau. Cette machine est très-commode ; elle permet de distribuer le béton partout où l'on veut avec facilité : elle a été imaginée par M. le capitaine du génie Bizos..........

« Lorsqu'on a descendu dans l'eau du béton auquel on a laissé prendre à l'air une demi-consistance, il se ramollit aussitôt. On en place une couche de trente à quarante centimètres d'épaisseur; quelque temps après s'être ramolli, le béton reprend un peu de fermeté. Au bout de douze heures environ de repos, on le comprime légèrement, et un peu plus fortement ensuite, au moyen d'une dame plâte. On met, alors, une seconde couche de béton par-dessus la première, et on la traite de la même manière. Quelque précaution que l'on prenne, il y a toujours une partie du béton qui se délave et forme une couche de bouillie au-dessus de la dernière couche de béton. Si cette bouillie était un peu épaisse, elle pourrait empêcher les couches de béton de se lier entre elles; il faut donc l'enlever, et l'on peut s'y prendre de plusieurs manières..........»

M. Baudemoulin, ingénieur, a fait exécuter en 1825 et 1826, les premiers travaux de l'écluse d'Huningue, sur lesquels il a publié en 1829, des remarques et des observations très-intéressantes (1). Cet habile ingénieur, après avoir constaté que la méthode de fabrication du béton avec les pilons doit être préférée à celle en usage au moyen du rabot, fait observer que l'on ne doit pas attendre que les bétons aient acquis une demi-consistance avant de les immerger. Versé sec et dur, dit-il, il se divise ensuite et ne prend plus ; versé chaud, il prend vite d'abord, se divise 24 heures après, et reprend ensuite, mais après un temps assez long.

Il insiste beaucoup sur la nécessité d'enlever les vases qui, tenues en suspension dans l'eau, qu'elles troublent pendant le draguage, se déposent ensuite au fond sur une épaisseur plus ou moins forte, selon la hauteur de l'eau; à Huningue, où les déblais sous l'eau avaient plus de cinq mètres de hauteur, bien que dans un sol graveleux, la couche de vase déposée au fond de la

______

(1) Voir cet ouvrage précité.

fouille avait de 25 à 30 centimètres d'épaisseur. « On espérait, dit-il, que le béton les chasserait en avant; mais nous avons vu qu'elles s'étaient soulevées pendant l'immersion, et qu'elles s'étaient mélangées avec lui. » Il faut donc enlever toutes les vases et nettoyer le sol des fondations jusques au vif avant l'immersion des bétons.

Selon M. Beaudemoulin, l'emploi des chaux énergiques, s'il n'est pas dirigé de manière à prévenir tout mélange, ne produit qu'un massif *inhomogène*, dont quelques parties sont très-dures, et d'autres très-peu résistantes. Comme ces dernières sont les seules que l'on doive considérer, on peut conclure que l'expulsion des vases a plus d'influence sur le succès d'une fondation, que la qualité même de la chaux, et que c'est moins sur l'énergie de cette matière qu'il faut compter, que sur la manière dont on l'emploie.

Cet ingénieur est d'avis que l'immersion ait lieu de front sur toute la largeur de la fondation et sur la hauteur à donner à la couche du béton, de manière que le massif s'avance par couches continues, et ne présente jamais que la surface supérieure et un talus le plus raide possible : alors les parties vaseuses sont facilement entraînées jusqu'au pied de chaque couche successive, d'où l'on peut les balayer et les enlever.

D'après les instructions données par cet ingénieur pour les travaux d'Huningue, on devait employer la trémie au coulement du béton; mais on fut obligé d'abandonner immédiatement ce mode d'immersion, à raison des inconvénients qu'il offrait. On remplaça cette machine par une caisse prismatique de 1 mètre de longueur, 25 centimètres de hauteur, 30 centimètres de largeur au fond, et 50 centimètres à l'ouverture supérieure, mise en activité au moyen d'un treuil monté sur un petit charriot, et suspendue à des tourillons placés un peu au-dessus de l'axe de gravité. Le béton était porté à dos d'homme, et versé dans la caisse au moyen de la machine à porter, appelée *Oiseau*. Un fort manœuvre, assisté d'un jeune garçon, descendait au fond de l'eau, par le moyen du treuil, la caisse chargée. Dès qu'elle touchait, il la remontait justement de la quantité nécessaire pour la faire retourner; son aide, alors, la faisait basculer au moyen d'une corde, et le béton se séparait sans secousse de la caisse, au fond de laquelle on avait percé des trous qu'on avait soin de déboucher de temps en temps. Ces trous facilitaient la séparation en faisant agir la pression de l'eau. L'aide-manœuvre était encore fort utile pour une opération importante : celle de remanier avec un pilon le béton, au fur et à mesure qu'on l'apportait dans la caisse. Il lui donnait ainsi une consistance homogène, en faisant revenir les portions un peu desséchées.

On voit, par ce qui précède, que la caisse employée par M. Beaudemoulin est, à peu de chose près, la même que celle proposée par Bélidor, modifiée par M. Vicat, que j'ai vue fonctionner au pont de Cahors, en 1835.

M. Raucourt de Charleville pense que la trémie doit être préférée à la caisse prismatique, parce que, dit-il, l'immersion avec les caisses a le grave inconvénient d'agiter l'eau et de livrer les bords des masses de béton à l'action du fluide; et, comme elles ne sont jamais bien juxtaposées l'une à côté de l'autre, il reste des intervalles, des inégalités, qui, pour être remplis, obligent toujours, plus ou moins, à rompre ces masses, en les livrant, de plus en plus, à l'action dissolvante de l'eau.

On trouve dans les Annales des ponts-et-chaussées (1840, 1re série, 2me semestre, page 247) la description d'une machine à immerger le béton qui a été employée pour la fondation de la nouvelle digue de Kerhuon, près Brest, par M. Petot, ingénieur des ponts-et-chaussées. Cette machine diffère de la caisse prismatique dont j'ai déjà parlé, en ce sens que sa forme est demi-cylindrique, et qu'elle s'ouvre par le milieu dans le sens de sa longueur, pour laisser couler le béton qu'elle contenait, en arrivant au fond de l'eau. Le système de suspension et de descente est à-peu-près le même que celui de la caisse prismatique; seulement la corde qui sert à faire basculer celle-ci, est employée dans celle de M. Petot à lâcher des détentes qui tenaient des loqueteaux arrêtés, et la caisse fermée. La manœuvre et le jeu de cette caisse sont aisés à comprendre : étant fermée et placée au niveau de l'échafaudage, on la remplit de béton, et on la descend immédiatement au fond de l'eau; arrivée à ce point, des manœuvres tirent les cordes pour dégager les loquets, et le propre poids du béton fait ouvrir complètement la caisse, qui se vide entièrement, et que l'on remonte aussitôt après pour renouveler l'opération. Cette manœuvre exige le travail de cinq à six hommes.

Cette caisse vient d'être modifiée par M. Sesquières, conducteur des ponts-et-chaussées, à Montauban. Cet habile praticien a fait subir à cette machine deux modifications importantes, que je vais analyser : La première consiste à rendre plus facile l'ouverture de la caisse dès son arrivée au fond de l'eau, en adaptant à sa partie inférieure une barre longitudinale portant à ses deux bouts un système de ferrure correspondant aux loquets, qui peut les repousser et lâcher les détentes. Supposons donc la caisse remplie de béton et descendue au fonds de l'eau: alors, elle appuie de tout son poids sur le sol ou le béton déjà posé; et comme à ce point d'appui c'est la barre qui est pressée, elle remonte nécessairement, soulève les loquets, et le propre poids du béton fait le reste en entr'ouvrant complètement la caisse, qui se vide en la relevant pour recommencer l'opération. Cette modification procure l'économie de deux manœuvres, qui, dans la caisse de M. Petot, sont chargés de tirer les cordes pour dégager les loquets. La deuxième modification s'applique au jeu des manivelles placées chacune à chaque bout de l'arbre autour duquel viennent s'enrouler les cordes de suspension de la caisse. Par le système de M. Sesquières, un seul homme suffit pour faire tourner les deux manivelles à la fois; il a imaginé, pour cela, d'adapter les deux poignées aux deux bouts d'une barre percée de deux trous , dans lesquels ces deux poignées peuvent aisément se mouvoir : un seul homme, prenant la barre à son milieu, la fait mouvoir en va-et-vient; les deux manivelles tournent à-la-fois, et la caisse descend et remonte ainsi d'une manière uniforme. Il résulte de ces modifications une économie de trois manœuvres dans le service de cette machine; et l'on peut dire , d'un autre côté, que ce service se fait avec plus de vitesse et plus de régularité. Je me suis borné à ces simples détails , parce que l'on m'a donné l'assurance que la description détaillée de ces modifications serait très-prochainement insérée au bulletin des Annales des ponts-et-chaussées.

ARTICLE VI.

INGRÉDIENTS QUI, MÉLANGÉS AUX CHAUX GRASSES , PEUVENT FOURNIR DES MORTIERS-BÉTONS HYDRAULIQUES.

C'est toujours aux belles découvertes de M. Vicat sur les mortiers et ciments calcaires, qu'il faut avoir recours pour la connaissance des caractères principaux qui distinguent ces mortiers, et des éléments qui en constituent l'hydraulicité. On ne peut donc que glâner dans le champ de ses expériences.

Ce savant ingénieur a étudié les qualités des diverses matières qui concourent, avec la chaux , à la fabrication des mortiers ou ciments calcaires , qu'il a divisés en trois classes. Il appelle substance *très-énergique,* celle qui, mêlée, à la consistance argileuse, avec de la chaux très-grasse , éteinte par le procédé ordinaire, produit un ciment ou mortier capable : 1° de faire prise du premier au troisième jour après l'immersion; 2° d'acquérir , après un an , la dureté de la bonne brique ; 3° de donner une poussière sèche sous la scie à ressort. — *Simplement énergique ,* toute substance qui , dans les mêmes circonstances que ci-devant , produira un ciment ou mortier capable : 1° de faire prise du quatrième au huitième jour ; 2° d'acquérir, après un an d'immersion, la dureté de la pierre très-tendre ; 3° de donner une poussière humide sous la scie à ressort. — *Peu énergique* , toute substance qui, dans les mêmes circonstances que ci-devant, produira un mortier ou ciment capable : 1° de faire prise du dixième au vingtième jour; 2° d'acquérir, après un an d'immersion, la dureté du savon sec ; 3° d'empâter la scie. — Enfin, une substance sera *sans inertie* , quand sa présence , en proportions convenables, dans la chaux grasse en pâte ne changera rien à la manière dont cette chaux se comporte, immergée sans mélange.

Ces définitions posées , M. Vicat établit comme un résultat d'expérience : 1° que les *sables* proprement dits sont généralement des matières *inertes* ; 2° que les *arènes* , les *psammites* et les *argiles* sont ordinairement des matières *peu énergiques* et rarement *énergiques*; 3° enfin, que les *pouzzolanes* naturelles ou *artificielles* peuvent être des matières *très-énergiques*, ou *simplement énergiques* ou *peu énergiques*.

Poursuivons l'examen des résultats obtenus par le même ingénieur sur le même sujet , et voyons quel doit être le mélange des chaux de toute espèce avec des ingrédients quelconques, pour donner des matières ou ciments capables d'acquérir une grande dureté dans l'eau, ou sous terre, ou dans les lieux constamment humides. Dans ce cas, il faut combiner : 1° avec les *chaux grasses:* les pouzzolanes naturelles ou artificielles très-énergiques.

2° Avec les *chaux moyennement hydrauliques* : les pouzzolanes naturelles ou artificielles simplement énergiques; — les pouzzolanes naturelles ou artificielles très-énergiques, tempérées par un mélange d'environ moitié sable ou autres matières inertes; — les arènes et les psammites énergiques.

3° Avec les *chaux hydrauliques* : les pouzzolanes naturelles ou artificielles peu énergiques; — les pouzzolanes naturelles ou artificielles énergiques, tempérées par un mélange d'environ moitié sable ; — les arènes et les psaumites peu énergiques.

4° Avec les *chaux éminemment hydrauliques* : les matières

inertes, telles que les sables quartzeux ou calcaires ; — les lai-
tiers, scories, etc.

Pour le cas où l'on voudrait obtenir des matières ou ciments
capables d'acquérir une grande dureté en plein air, et de résister
à la pluie, aux chaleurs et aux fortes gêlées, il faut combiner :

1° Avec les *chaux grasses :* aucun ingrédient ne peut atteindre
le but.

2° Avec les *chaux moyennement hydrauliques :* aucun ingrédient ne peut atteindre complètement le but.

3° Avec les *chaux hydrauliques :* les sables quelconques, bien
purs ; — les poussières quartzeuses ; — les poussières provenant
de pierres calcaires dures ou d'autres matières inertes.

4°. Avec les *chaux éminemment hydrauliques :* les sables quelconques bien purs ; — les poussières quartzeuses ; — les poussières
provenant de pierres calcaires dures et d'autres matières inertes.

Après l'exposé de ces principes, M. Vicat a cherché à fixer les
proportions. du mélange des ingrédients hydrauliques avec les
chaux de toute espèce qui peuvent conduire à la plus grande
dureté des bétons employés en immersion. Il a dit à ce sujet,
que « parmi les ingrédients connus, les arênes, les psammites
et les argiles, paraissent être les moins avides de chaux ; réduits
en poudre sèche et mesurés ainsi, ils exigent, par unité de volume, savoir : en chaux grasse, éteinte en pâte forte par le procédé ordinaire, de 0,15 à 0,20 ; en chaux moyennement hydraulique, de 0,20 à 0,25 ; et en chaux hydraulique, de 0,25 à 0,50.

« Les pouzzolanes énergiques et très-énergiques demandent,
dans les mêmes circonstances, en chaux grasse, de 0,50 à 0,50 ;
en chaux moyennement hydraulique, de 0,40 à 0,60.

« Les sables quartzeux ou calcaires, en chaux hydraulique ou
éminemment hydraulique, de 0,50 à 0,60.

« En thèse générale, il vaut mieux pécher par défaut de chaux
que par excès, quand il s'agit de mélanges de chaux grasse et de
pouzzolane quelconques ; et *vice versâ,* dans le cas des chaux

hydrauliques ou éminemment hydrauliques, mêlées avec les sables quartzeux ou calcaires...... Tout ce que l'on vient de dire doit être modifié selon l'emploi que l'on se propose de faire des mortiers ou ciments, surtout quand il s'agit de pouzzolanes et de chaux grasses. Ces ciments sont-ils destinés à lier des matériaux : qu'on leur laisse un léger excès de chaux ; sans quoi ils n'adhèreront que très-difficilement à la pierre. N'ont-ils à fonctionner qu'isolément : qu'on se tienne aussi près que possible des proportions exactes, afin que leur dureté soit aussi la plus grande possible. »

CHAPITRE CINQUIÈME.

EXAMEN DES CONDITIONS DE PRIX D'UN MÈTRE CUBE DE BÉTON, SUIVANT LA PROPORTION ET LE PRIX ÉLÉMENTAIRE DES MATIÈRES.

Nous avons vu précédemment que le béton était un composé de *chaux hydraulique naturelle* ou *artificielle*, de *sable*, et de *graviers* ou *pierrailles*. Ce qu'il importe donc, avant tout, c'est de connaître le prix de ces matières, que je ne fixerai qu'hypothétiquement ; car ce prix peut varier dans tous les pays, à raison des difficultés de fabrication et d'extraction, ou des distances à parcourir pour transporter les matériaux au lieu de la construction. Il peut varier encore suivant le prix de la main-d'œuvre, soit pour la fabrication du béton, soit pour sa mise en place.

On trouve, dans le commerce, les *chaux hydrauliques vives* de toute espèce, qu'on vend au poids ou à la mesure, soit au quintal métrique de *cent kilogrammes*, soit au *mètre cube*.

Le poids de la chaux hydraulique vive, prise à la sortie des fours, varie de **800** à **900** kilogrammes par mètre cube. J'adopterai pour terme moyen, dans mes calculs, le poids de **850** kilogrammes.

Ainsi, en admettant que le prix de cette chaux soit de 3 fr. le quintal métrique rendue au chantier, le mètre cube reviendra au prix de 26 fr. 50 c. Il sera donc indifférent que la chaux soit payée à l'un des prix ci-dessus fixés; mais toujours le prix du mètre cube dépendra du poids de la chaux, qu'il sera bon de vérifier d'avance.

Il faut connaître maintenant ce que vaut la chaux hydraulique éteinte, de quelque degré qu'elle soit; car, il faut le dire, le prix en sera plus ou moins élevé en définitive, selon le foisonnement ou rendement en pâte. Cela se conçoit aisément, puisque la quantité de pâte qui sert à la composition du béton doit être, dans tous les cas, absolument la même. J'admettrai donc dans mes calculs, que le foisonnement de la chaux est de 1 mètre 20 centimètres pour 1 mètre; c'est-à-dire que *un mètre cube* de chaux vive produira *un mètre vingt centimètres cubes* de chaux en pâte : c'est le cas des chaux hydrauliques de bonne qualité.

Nous pouvons établir, d'après ces données, le prix d'un mètre cube de chaux en pâte :

Un mètre cube de chaux vive, ou 850 kilogrammes à 3 fr. les 100 kilog., ce qui revient au même, vaudra donc, ci. 25 fr. 50 c.

Frais d'éteignage par le procédé ordinaire, une journée de manœuvre payée, ci................ 1   20
____

26 fr. 70 c.

Mais il faut avoir égard au foisonnement de la chaux que j'ai supposé de 1 mètre 20 centimètres pour 1 mètre, et alors, nous aurons à déduire la valeur du surplus de pâte, dont le prix est représenté par le sixième du prix ci-dessus, ci.................... 4   45
____

D'après cela, le mètre cube de chaux en pâte, en y comprenant les frais d'éteignage, se trouvera réduit au prix de .... 22 fr. 25 c.
____

Dans tout autre cas, et quel que soit le foisonnement de la chaux, si l'on veut connaître son prix de revient en pâte, on n'aura qu'à diviser le produit de la valeur de la chaux vive et des frais d'éteignage, par le chiffre du rendement en pâte, et l'on aura le prix de la chaux éteinte : soit, par exemple, que la chaux produise 1 mètre 35 centimètres pour 1 mètre, on aura $\dfrac{26,70}{1,35} = 19$ fr. 77 c. ; et ainsi de suite pour tous les cas possibles.

Le prix d'*un mètre cube de sable* peut varier à l'infini, par des causes qu'il est inutile d'énumérer : j'adopterai, néanmoins, celui de.. 2 fr. 00 c.

qui servira d'élément pour mes calculs.

Il en est de même du prix du *mètre cube de graviers* ou *pierrailles*, que je supposerai être de..................... 2 fr. 00 c.

On ne doit pas perdre de vue que les prix élémentaires ci-dessus déterminés, ne sont que de convention, et que chaque constructeur devra, dans chaque localité, se rendre compte des prix réels de revient de ces matériaux, pour servir à la composition du mètre cube de béton : ceci n'étant à autres fins que d'indiquer la marche à suivre pour cette composition, et à parvenir à en fixer les prix.

En prenant pour base les éléments qui précèdent, nous pouvons maintenant établir le prix d'un mètre cube de béton, et pour cela j'adopterai les proportions de matières que j'ai indiqué comme étant les plus convenables, à savoir : 26 centimètres cubes de chaux en pâte, 39 centimètres de sable, et 65 centimètres de graviers ou pierrailles (1).

---

(1) Soit une comporte de chaux, une comporte et demie de sable et deux comportes et demie de graviers.

0 ^m 26 ^c cubes de chaux en pâte, au prix déjà adopté de 22 f. 25 c. le mètre montent............... 5 fr. 79 c.

0 39 cubes de sable au prix de 2 f. le mètre cube , montent........................ 0   79

____
6 fr. 58 c.

0 65 cubes de graviers ou pierrailles , à 2 f. le mètre , montent........................ 1   30

1 ^m 30 ^c cubes de matières qui se reduiront à 1 mètre cube après la manipulation, par l'absortion entre les vides des sables et des graviers.

Manipulation.

Quatre ouvriers formant une section , et travaillant à un tas de béton, coûteront par jour, à raison de 1 f. 20 c. l'un, 4 f. 80 c. Chaque tas, composé de cinq comportes de matières (1), donnant un cube de 45 centimètres, sera réduit à 35 centimètres de béton fabriqué. Ces ouvriers emploieront *une heure et demie* de travail à la confection de chaque tas, soit *huit* tas dans la journée de douze heures de travail : ce qui donne un produit de 2 mètres 80 centimètres de béton fabriqué par ces quatre ouvriers. Dès-lors , le prix de cette main d'œuvre sera représenté par $\dfrac{4\ f.\ 80\ c.}{2\ ^m\ 80\ ^c} =$ 1   ,72

____
9 fr. 59 c.

1,20 pour conduite , fourniture d'outils et faux frais , ci................................ 0   49

D'où il suit que le prix du mètre cube de béton, prêt à être mis en place, reviendrait au prix de.... 10 fr. 08 c.

____

(1) Chaque comporte a une capacité de 0,09, ainsi que je l'ai déjà dit.

Mais à ce chiffre il faudrait nécessairement ajouter le prix de la main-d'œuvre pour la mise en place du béton ; lequel prix doit varier, selon la distance du lieu de fabrication à celui de la construction, et les difficultés de la pose, soit pour fondations, soit pour murs à double parement, soit pour voûtes. Chaque constructeur pourra facilement apprécier les frais résultant de ces divers cas de construction.

Le sous-détail que je viens de former, constitue un béton propre aux ouvrages les plus importants, tels que voûtes et murs à double parement. Mais il est des circonstances, pour remplissage de fondations, par exemple, où l'on peut obtenir de l'économie sur ce prix, en augmentant les doses de sable et de graviers. Je vais établir un sous-détail qui sera applicable à ce genre de travail ; dans ce cas, le béton sera constitué de 26 centimètres de chaux hydraulique, de 52 centimètres de sable et de 78 de graviers ou pierrailles (1). Je dirai donc :

0 ᵐ 26 ᶜ cubes de chaux en pâte, au prix de 22 fr.
        25 c. le mètre, montent ci............. 5 fr. 79 c.

0 52   cubes de sable, à 2 fr., ci............. 1   04

0 78   cubes de graviers ou pierrailles, à 2 fr., ci.. 1   56

1 ᵐ 56 ᶜ cubes de mortiers qui se réduiront à 1 ᵐ 20 ᶜ cubes après la manipulation.

   Manipulation.

Les quatre ouvriers, comme au sous-détail précédent, coûteront ensemble 4 fr. 80 c. Ils pourront préparer *dix tas* de béton dans leur journée de travail, lesquels, à 35 centimètres cubes chaque tas, donnent 3 mètres 50 centimètres cubes. Dès-lors, le prix du mètre cube reviendra à................. 1   37

                                       9 fr. 76 c.

(1) Soit une comporte de chaux, deux comportes de sable, et trois comportes de graviers.

Mais il résulte que les matières, formant le prix de 9 fr. 76 c., doivent produire 1 mètre 20 centimètres cubes de béton ; d'où il suit que ce prix se réduira à la somme de......... 8 fr. 15 c.

1/20 pour conduite, outils et faux frais............ 0   40

Le prix du mètre cube de béton ainsi composé sera, dès-lors, de........................... 8 fr. 55 c.

Dans les sous-détails qui précèdent, j'ai supposé que les mortiers et bétons étaient fabriqués *au pilon*, à bras d'homme, sur une aire carrelée, et que les matières étaient successivement amalgamées, suivant les procédés que j'ai déjà décrits. J'ai supposé aussi que les ouvriers de chaque section étaient servis par d'autres spécialement chargés du dosage des matières.

Si les mortiers étaient confectionnés au manège, il en résulterait une faible économie sur la main-d'œuvre, qui serait presque absorbée par les frais de construction de ce manège, si surtout les travaux qu'on doit exécuter sont de peu d'importance ; mais on y gagnerait sous le rapport de la vitesse avec laquelle les mortiers peuvent être ainsi faits. Dans ce cas, les ouvriers n'ont plus qu'à amalgamer les mortiers avec les graviers ou pierrailles pour en former le béton. Il est bon de rappeler, toutefois, que les mortiers faits au manège sont moins bien confectionnés que ceux préparés à l'aide des pilons : c'est l'avis de M. Vicat et celui de plusieurs autres ingénieurs.

Le service d'un manège, tel qu'il est représenté par les fig. 1, 2 et 5 de la pl. III, est fait au moyen de deux chevaux, se relayant après six heures de travail, et de quatre hommes constamment occupés à approcher les matériaux, à les verser dans l'auge et à en retirer le mortier après sa confection.

Ce manège, bien servi et en mouvement pendant les douze heures dont se compose la journée de travail, doit fabriquer *un mètre* de mortier dans *quarante-cinq minutes* de travail : soit *quinze mètres cubes* par journée.

Le prix de la journée de travail se compose :
1° De deux chevaux, au prix de 4 fr. l'un par jour, ci.   8 fr. 00 c.
2° De quatre ouvriers, à 1 fr. 20 c. l'un, ci........   4   80

12 fr. 80 c.

qui forment le prix de revient de la fabrication de *quinze mètres cubes* de mortier. D'où il suit que le prix du mètre cube sera de.. 0 fr. 85 c.

non compris les faux frais et conduite.

Nous avons vu précédemment que chaque section d'ouvriers, composée de quatre hommes, et travaillant à un tas de béton, occasionnait une dépense journalière de 4 fr. 80 c. Examinons à quel prix revient le mètre cube de mortier manipulé au pilon.

Une comporte de chaux en pâte et une comporte et demie de sable donnent un cube de 0, 225, et en mortier préparé, 0, 175. Des ouvriers occupés seulement à confectionner ce mortier, pourront en préparer *vingt tas* dans leur journée de travail : soit 3 mètres 50 centimètres cubes par jour. D'après cela, le prix du mètre cube de cette façon doit revenir à.......... 1 fr. 37 c.

Il résulte de ces calculs comparatifs, une économie de 0 fr. 52 c. en faveur des mortiers fabriqués au manège : économie qui serait, néanmoins, diminuée par les frais d'établissement de la machine et de ses accessoires.

Pour mieux fixer le lecteur sur la composition d'un mètre cube de béton pour divers cas de construction, soit à l'air libre, soit en immersion, je vais porter à sa connaissance quelques sous-détails de travaux exécutés, avec les prix affectés aux matières, à leur manipulation et à leur mise en place.

Les piles du pont de Cahors, sur le Lot, sont établies sur un massif de béton immergé dans un encaissement formé de pieux jointifs, dont la hauteur moyenne, à partir du sol des fondations jusques à l'étiage où l'on a commencé la nette maçonnerie, était de 3 mètres.

Le prix du mètre cube de béton, mis en place , était calculé au devis comme suit :

1 ᵐ 00 ᶜ cube de chaux hydraulique de Cabessut, réduite en pâte, à 16 fr. 20 c., ci...........	16 fr.	20 c.
2 00 cubes de sable pris dans la rivière à 0 fr. 80 c.	1	60
2 50 cubes de gros graviers ou d'éclats de pierres, pris dans le chantier, pour ramassage, transport et massage, à 0 f. 75 c. le mètre, montent	1	88
5 ᵐ 50 ᶜ	19 fr.	68 c.

Ce mélange, après avoir été travaillé, se réduisant à 4 mètres, le mètre cube devait revenir à 4 fr. 92 c., dont on ne portait que les deux tiers, à raison de l'espace occupé par les moellons que l'on jetait dans les massifs, ci................... 3 fr. 28 c.

65 centimètres cubes de moellons, à 3 fr. 69 c., ci. 1 23

Façon, transport et emploi du béton : cinq journées de manœuvre à 1 fr. 50 c., ci............ 7 50

12 fr. 04 c.

Un vingtième pour conduite, outils et faux frais 0 60

12 fr. 64 c.

Un dixième de bénéfice pour l'entrepreneur.... 1 26

Prix du mètre cube................... 13 fr. 87 c.

Il avait été convenn d'abord que l'on remplacerait un mètre cube de sable par autant de ciment de tuileaux pulvérisés ; mais plus tard, il fut décidé que l'on emploierait la même quantité de sable, et que, dans chaque mètre cube de béton, on mélangerait un vingt-quatrième de mètre de ciment naturel, dit romain récemment découvert aux environs de Cahors, et qui serait fourni par l'administration chargée de sa fabrication. Alors, le mètre cube de béton eut à subir un changement de prix, à raison de cette addition :

Prix des matières comme au sous-détail précédent	12 fr. 01 c.
Un vingt-quatrième de mètre de ciment, à 45 fr. le mètre, ci.	1 87
	13 fr. 88 c.
Un vingtième pour conduite, outils et faux frais, ci.	0 69
	14 fr. 57 c.
Un dixième de bénéfice.	1 46
Prix du sous-détail modifié.	16 fr. 03 c.

On remarquera que le prix de la façon et de la mise en place du béton, porté à 7 fr. 50 c., en est fort élevé. Cela provient, sans doute, des difficultés de l'immersion et du transport du lieu de fabrication sur l'emplacement de chaque pile.

L'entrepreneur de cet ouvrage avait fait un rabais de 15 fr. 50 c. pour cent sur les prix du devis, et alors le sous-détail, porté à 13 f. 87 c., se trouvait réduit à 11 fr. 72 c. Il a dû faire, néanmoins, sur ce dernier prix, des bénéfices assez considérables, car la chaux fabriquée non loin du pont, ne lui revenait pas à plus de 6 fr. le mètre cube, vive.

On trouve dans l'ouvrage de M. Beaudemoulin, ingénieur, le sous-détail du prix du béton employé aux fondations de l'écluse d'Huningue. Cet ingénieur annonce que, d'après plusieurs essais comparatifs, on s'est arrêté, pour la composition du béton, aux proportions suivantes :

0 ^m 22 ^c cubes de chaux en pâte, à 14 fr. 49 c.. . .   5 fr. 180 c.
0   40   de sable extrait des fouilles, à 0 fr. 623 c.
          pour criblage et tirage des cailloux. . .   0   249
0   69   de cailloux, dont le triage et le transport
          sont compris dans le criblage du sable et
          la façon du béton. . . . .   »   »

____

1 ^m 31 ^c cubes qui se réduisent à 1 mètre cube par

____

l'absortion.

Prix des matières employées . . . .   5 fr. 429 c.
Façon du béton et approche des matériaux.
La façon du béton, y compris l'approche des matériaux, a occasioné, pour 1,203 mètres cubes, l'emploi de 2,412 journées d'ouvriers, qui ont coûté
5,685 fr. 70 c. : ce qui fait revenir le prix du mètre cube à.   4   726

Prix du mètre cube du béton fabriqué. . . .   8 fr. 155 c.

Le prix de la façon du béton a été ici fort cher : cela provient
de ce que la journée d'ouvrier a dû être payée au prix moyen
de 2 fr. 35 c., et qu'en outre chaque section de quatre hommes,
travaillant sur un tiers de mètre cube à la fois, ne fabriquait que
quatre tiers par jour.

Dans le devis des travaux d'un mur de quai à Montauban, il
était convenu que le mortier serait fabriqué à part, et qu'ensuite
une partie de ce mortier serait mélangée avec une proportion
convenue de graviers pour en constituer le béton. Dès-lors, le
sous détail du béton était divisé en deux parties, à savoir :

1° Mortier.

0 ^m 667 ^c cubes de sable à 0 fr. 80 c. le mètre, ci.   0 fr. 534 c.

0   333   cubes de chaux éteinte en pâte, au prix
de 29 fr. 80 c. le mètre, ci . . . .   9 -   957

____

1 ^m 00 ^c   10 fr. 494 c.

____

Mais ces 100 parties de chaux et sable ne devant produire, à cause de l'absortion, que 67 centimètres cubes de mortier, alors le prix du mètre cube de ces matières devait revenir à . . . .   15 fr. 658 c.

Façon du mortier.

Cinq manœuvres terrassiers feront dans leur journée 3 mètres cubes de mortier : le prix de la journée étant de 1 fr. 20 c., ci pour un mètre   2   000

____

Prix d'un mètre cube de mortier . . . . 17 fr. 658 c.

____

2° Béton.

0 ^m 65 ^c cubes de graviers au prix de 2 fr. ci   1   fr. 30 c.

0   65   cubes de mortier à 17 fr. 66 c. ci 11   50

____

1 ^m 30 ^c

____

Brassage soigné par petites parties ; 2 tiers de journée de compagnon terrassier ci   0   82

Aproche 1 sixième de journée id. id., ci   0   20

Coulage au moyen caisses à bascule, et régalage, 1 tiers de journée d'un compagnon maçon, ci   0   67

____

14 fr. 49 c.

1 vingtième pour soins et faux frais, ci   0   73

____

15 fr. 22 c.

1 dixième de bénéfice   1   52

____

Prix du mètre cube . . . . 16 fr. 74 c.

Le béton était ainsi convenablement constitué, et les prix calculés de manière à ce que chaque chose était payée à sa valeur.

Ce béton était destiné seulement à être immergé dans les fondations du mur, jusques au niveau de l'étiage : toutes les maçonneries de remplissage supérieures, devaient être faites en cailloux posés à la main, et en mortier hydraulique. Mais il fut convenu plus tard que toutes ces maçonneries seraient faites en béton ; et l'on a gagné beaucoup sous le rapport de la célérité avec laquelle les travaux ont été exécutés. Les mortiers étaient fabriqués au manège, et les bétons confectionnés à l'aide de la machine verticale dont j'ai déjà parlé.

Pour les travaux de maçonnerie du Canal latéral à la Garonne (2ᵐᵉ arrondissement de Montauban), le mètre cube de béton était calculé comme ci-après :

1° Mortier ;

Un mètre cube de sable, ci........................ 3 fr. 00 c.
50 centimètres de chaux hydraulique vive (1), à 32 fr. 16   00
Frais d'extinction de 50 centimètres de chaux..... 0   75
Fabrication du mortier............................ 1   50

Prix du mètre cube............. 21 fr. 25 c.

2° Béton.

0 ᵐ 70 ᶜ de petits galets ou cailloux cassés, à 3 fr. le
       mètre, ci............................... 2 fr. 10 c.
0   50   de mortier hydraulique à 21 fr. 25 c... 10   62

1 ᵐ 20 ᶜ se réduisant à un mètre cube.

Façon du mètre cube, évalué à............... 1   50

14 fr. 22 c.

(1) La chaux hydraulique était ici portée vive : cela suppose 0,60 de chaux en pâte ; à cause du foisonnement calculé au cinquième.

Report. . . . . 14 fr. 22 c.
Transport et emploi, tel qu'il sera indiqué en
cours de construction, avec ou sans machines, ci. . 1   50

15 fr. 72 c.

Faux frais : un vingtième , ci. 0   78
Bénéfice de l'entrepreneur : un dixième, ci. 1   57

Prix du mètre cube . . . . 18 fr. 07 c.

Sur plusieurs parties des travaux, ce sous-détail a été modifié en cours de construction. Ainsi, au lieu d'employer 50 centimètres de chaux vive pour les mortiers, on n'a pris que 50 centimètres de chaux en pâte ; et, d'un autre côté, les fouilles du canal ayant produit, en beaucoup d'endroits, du sable et des graviers de bonne qualité, l'administration en a profité pour opérer une diminution du prix de ce sous-détail, qui s'est trouvé réduit, en quelques lieux des travaux, à 14 et 15 francs le mètre cube.

Le mortier a été généralement fabriqué au manège, et on s'est servi de la machine verticale à ventèles pour la manipulation du béton.

On avait songé, dans le principe, à mélanger aux mortiers et bétons une certaine quantité de pouzzolanne artificielle, et à cet effet on avait formé des établissements pour cette fabrication ; mais on y renonça bientôt, car on dut s'apercevoir que cette matière était plutôt défavorable qu'avantageuse à une bonne consistance de mortiers faits en chaux hydrauliques. Ce mélange ne pourrait être, en effet, efficace qu'à la condition d'une immersion des bétons, ou de leur placement dans un lieu constamment humide et à l'abri de l'air.

Le prix d'un mètre cube de béton, tel que je l'avais établi pour la construction du temple protestant de Corbarrieu, dont je parlerai plus tard, était combiné comme suit :

0 ^m 26 ^c de chaux hydraulique éteinte en pâte, à 23 fr.
le mètre, ci. .... 5 fr. 98 c.
0   39   de sable de rivière, à 1 fr. 50 c., ci....... 0   59
0   65   de gravier, à 1 fr. 50 c., ci............. 0   99
____
1 ^m 30 ^c qui se réduisaient à un mètre cube.

Manipulation et emploi, ci....... 1   50
____
9 fr. 06 c.
Un dixième pour bénéfice et faux frais......... 0   91
____
Prix du mètre cube................ 9 fr. 97 c.

Sur ce prix, l'entrepreneur était tenu de se fournir, à ses frais, les banches qui formaient les encaissements, ainsi que les échafaudages pour la construction des murs, dont l'élévation totale était de 9 mètres, et leur épaisseur de *soixante-dix* centimètres.

La construction de cet édifice, terminée en 1836, avait été adjugée en 1835, moyennant un rabais de 6 fr. 75 c. pour cent. Le prix du sous-détail sus-mentionné se trouvait donc réduit à 9 fr. 30 c.

La chaux hydraulique, rendue sur les lieux, revenait à l'entrepreneur au prix de 1 fr. 30 c. les 50 kilog., ou bien 22 fr. 10 c. suivant le poids de 850 kilog. le mètre cube. Un mètre cube de chaux vive éteinte dans des bassins, d'après le procédé ordinaire, produisait 1 mètre 35 centimètres de chaux en pâte : ce qui faisait revenir le prix du mètre cube de celle-ci à 16 fr. 37 c.

Les graviers et les sables étaient pris dans la rivière du Tarn, à une distance moyenne de mille mètres.

Je rendrai compte, dans la troisième partie, des circonstances particulières de cette construction.

Pour un pont que j'ai fait construire à Castelsarrasin, dans la plaine submersible de la Garonne, et dont les culées et la voûte sont entièrement en béton, le prix du mètre cube de cette maçonnerie était déterminé comme ci-après :

0 ^m 25 ^c de chaux hydraulique en pâte, au prix de 24 fr. le mètre, montent. . . . . 6 fr. 00 c

0 37 cubes de sable de rivière, à 1 fr. 50 c.. . . . . » 56

0 32 cubes de graviers, à 1 fr. 50 c. . . . . » 48

0 32 cubes de débris de briques, à 1 fr. 50 c.. . . » 48

1 ^m 26 ^c

Manipulation et emploi. 1 33

Un trentième pour faux frais. . . . . » 30

9 fr. 15 c.

Un dixième de bénéfice. . . . . » 92

Prix du mètre cube. . . . . 10 fr. 07 c.

Cette construction, dont je parlerai plus tard, a été adjugée et exécutée, en 1836, sur un rabais de 10 fr. 672. pour cent; et, dès-lors, le prix du mètre cube de béton s'est trouvé réduit à 9 francs.

La chaux hydraulique provenait des fours de Labourgade. Elle revenait à l'entrepreneur au prix de 1 fr. 75 c. les 50 kilog., rendue sur les lieux. Le mètre cube de cette chaux étant du poids de 800 kilog., son prix s'élevait donc à 28 fr.; mais à cause du foisonnement de cette chaux, qui était de 1, 50 pour 1 mètre de chaux vive, ce prix se trouvait réduit à 18 fr. 66 c. pour la chaux en pâte.

Les graviers et les sables étaient pris dans la Garonne, à une distance moyenne de 600 mètres; les briques concassées provenant des ruines de l'ancien pont qu'une inondation de la Garonne venait de détruire, furent employées en partie dans la composition du béton.

Le prix du mètre cube du béton employé à la construction des bassins de l'Estrapade, à Paris, était fixé au devis à la somme de 19 fr. Sur ce prix, l'entrepreneur de cet ouvrage avait consenti un rabais de 24 pour cent.

DEUXIÈME PARTIE.

EMPLOI DU BÉTON DANS LES CONSTRUCTIONS EN GÉNÉRAL.

J'essaierai de formuler ici les divers cas où la maçonnerie de béton peut être d'un emploi utile dans les travaux publics et dans les constructions particulières. Je rapporterai à cet égard l'opinion de savants constructeurs sur l'utilité et les bénéfices que l'on peut retirer de cette nouvelle méthode de bâtir, me réservant de mentionner dans la troisième partie de ce livre les divers exemples de travaux faits en ce genre.

Dans le *premier chapitre* j'indiquerai l'usage de cette espèce de maçonnerie dans les travaux publics, civils et militaires.

Je parlerai, dans le *deuxième chapitre*, de l'emploi qui peut en être fait dans les constructions particulières.

CHAPITRE PREMIER.

TRAVAUX PUBLICS, CIVILS ET MILITAIRES.

J'examinerai successivement dans ce chapitre les applications diverses auxquelles peut se prêter la maçonnerie de béton dans la constructions des ponts de toute espèce, des culées et piles des ponts suspendus, des barrages ou digues en rivière, des bajoyers et radiers des écluses, des ponts-canaux et ponts-aqueducs, des murs de quai et de soutènement des terres, des murs de rempart et casemates des forts militaires; enfin, des prisons et hospices.

ARTICLE I.ᵉʳ

CONSTRUCTIONS DES PONTS EN MAÇONNERIE.

Depuis que l'expérience et une longue pratique m'ont fait connaître les propriétés du béton, je n'ai plus douté que cette maçonnerie ne pût être utilement employée à la construction des ponts de toute espèce. Mais, comme pour toutes les choses nouvelles, il fallait pour celle-ci des exemples à l'effet de démontrer son utilité, et de fixer les principes à suivre pour la construction de ces sortes d'ouvrages.

L'usage du béton dans les travaux des ponts en maçonnerie est d'un avantage incontestable sous le rapport de l'économie. C'est, en effet, précisément sur les bords ou dans le lit des rivières que l'on trouve en abondance, presque partout, les graviers ou cailloutis, et les sables. Or, ces matériaux étant, avec les chaux hydrauliques, les seuls nécessaires à la constitution des bétons, ainsi que je l'ai déjà expliqué, on reconnaîtra sans peine l'utilité de cette espèce de maçonnerie dans cette circonstance.

Les ponts construits en béton doivent être soumis aux mêmes principes qui règlent la formation des projets de ce genre, mais pour lesquels les maçonneries seraient constituées en pierres de taille, briques ou moellons. Il faut donc que l'ouverture des arches soit calculée sur le cours ordinaire et dans le cas des fortes crues des rivières ; que l'axe du pont soit, autant que possible, placé perpendiculairement aux courants ; que les épaisseurs des culées, des piles et des voûtes, soient fixées suivant les règles généralement admises par les constructeurs; enfin, que les fondations des piles et culées soient établies sur le roc, ou tout au moins sur une base incompressible et inaffouillable. On peut dire, toutefois, en faveur du béton, qu'à raison de sa grande homogénéité, qui permet au corps de cette maçonnerie de ne former qu'une seule masse, devenue *monolithe* au bout d'un certain temps, il serait possible d'obtenir une diminution dans les épaisseurs des massifs.

Les voûtes en béton peuvent recevoir toutes les formes, soit en plein cintre, soit très-surbaissées; et si, par un évènement quelconque, l'une d'elles, dans les ponts composés de plusieurs arches, venait à croûler, il serait moins à craindre que celles adjacentes éprouvassent le même sort; car la poussée de ces sortes de voûtes devient pour ainsi dire nulle après que les bétons ont acquis leur plus forte consistance. Il suffit de connaître le degré de dureté des bétons, après une année de leur emploi, pour être convaincu de la vérité de cette assertion.

On voit en plusieurs lieux des ponts, bâtis en pierre de taille ou en briques, qui menacent de tomber en ruine par la mauvaise qualité des matériaux qui ont été employés, ou parce que ces matériaux sont dégradés par les intempéries et les infiltrations. Les ponts en béton sont à l'abri de ces inconvénients. Pourvu que les chaux hydraulique soient de bonne qualité, ce qu'il est aisé de vérifier en tous lieux, et que les bétons soient combinés dans de justes proportions et convenablement manipulés, on n'aura à craindre aucun des accidents signalés. Le béton ayant la propriété d'être hydrofuge, rejettera toute infiltration possible, et les influences atmosphériques n'auront aucune action fâcheuse sur les parements, par cela même, au contraire, que l'humidité est un agent conservateur du béton ; nous avons déjà vu que les gelées ne pouvaient pas en altérer la bonté en tant que cette maçonnerie serait constituée en bonne saison.

Parmi les précautions à prendre pour la construction des voûtes en maçonnerie, de quelle nature qu'elles soient, il en est une fort importante qui concerne les voûtes en béton, que je dois mentionner ici : je veux parler de l'espèce de cintre à employer.

Tous les constructeurs savent bien que le cintrement des voûtes est une chose fort importante, d'où dépend essentiellement la solidité de ces sortes d'ouvrages. Il ne s'agit pas seulement, en effet, de calculer la force des bois pour résister au poids des maçonneries qu'ils sont destinés à supporter, mais il faut aussi en combiner la disposition de manière que pendant ou immédiatement après la construction, il ne survienne pas des disjonctions ou resserrements des bois, capables d'altérer la bonté des maçonneries. Ces effets, qui peuvent être sans grande importance pour les voûtes en pierre de taille ou en briques, seraient dangereux, s'ils étaient trop sensibles, pour les voûtes en béton, dans le cas où un affaissement quelconque viendrait à se manifester après que cette maçonnerie aurait acquis un premier degré de consistance. C'est pour éviter ces inconvénients, que je me suis livré à des recherches et à des études qui m'ont conduit à la découverte d'un système de cintre d'une nouvelle espèce, d'une grande simplicité, très-économique, et qui a la propriété très-essentielle de n'éprouver aucun tassement par l'effet du poids des maçonneries. Je donnerai dans la troisième partie les détails de construction de cette espèce de cintre.

A l'appui de ce que je viens de dire sur les avantages du béton employé à la construction des ponts, je rapporterai l'opinion de quelques ingénieurs qui ont écrit sur les propriétés des mortiers hydrauliques et bétons.

Après avoir exposé son opinion sur la préférence à donner aux mortiers hydrauliques pour les maçonneries quelconques, M. Berthauld-Ducreux, ingénieur, s'exprime ainsi : « .... Toutefois, il n'échappera pas aux personnes qui n'ont pas l'habitude des ciments romains, qu'une voûte qui serait ainsi construite, ne formant réellement qu'une seule et même pierre, semblerait devoir offrir une résistance, si non égale, au moins peu inférieure. Nous n'avons pas besoin de faire observer qu'au lieu d'un bétonnement on pourrait se servir de maçonnerie ordinaire en moellon, pourvu qu'elle fût bien faite, et le mortier de ciment peu ménagé : nous ne doutons pas qu'elle réussît parfaitement. M. Gauthey, en parlant d'une arche de 26 mètres d'ouverture, en moellons de 8 à 10 centimètres d'épaisseur, exprime l'avis que cet exemple ne doit pas être imité. Il est permis de croire que s'il eût connu les ciments romains, il eût été le premier à conseiller l'usage des petits matériaux, même pour les arches des plus grandes dimensions.

« Faisons remarquer, d'ailleurs, que des voûtes ainsi exécutées auraient l'avantage d'exercer bien moins de poussée. Leur prise une fois bien décidée, c'est-à-dire, au bout de huit mois, un an, elles se conduiraient à-peu-près comme une seule pierre, et chaque pile, même étroite, ferait fonction de culée.

« Les constructeurs qui se refuseraient à croire que des arches surbaissées, de 40 mètres et plus d'ouverture, pourraient être exécutées avec sécurité en béton ou en maçonnerie de moellon, admettront au moins, sans peine, qu'avec des substances aussi puissantes que les mortiers hydrauliques très-énergiques, et surtout les ciments romains, il est possible de construire des édifices beaucoup plus hardis qu'avec de mauvais agrégats, qui généralement ont à peine le centième de leur force, et cependant ont suffi à tant de grands ouvrages.

« Dans notre opinion, ajoute M. Berthauld-Ducreux, les ciments romains (1) peuvent être d'une grande utilité dans la construction des voûtes, et permettre d'apporter plus de hardiesse et d'économie dans la construction des ponts........ »

(1) Les ciments des Romains ne sont autres que des chaux hydrauliques plus ou moins énergiques, et dont la prise se détermine dans un temps plus ou moins long. Il ne faut donc pas se méprendre sur l'acception rigoureuse du mot.

M. Raucourt de Charleville rapporte, dans son traité des mortiers, que le pont de Lladonet, à six lieux de Barcelonne, composé de deux rangs d'arcades placés l'un sur l'autre, est entièrement construit en maçonnerie de blocailles. Ce pont, que la rupture d'une des arches inférieures avait fait abandonner, pour avoir trop précipité sa construction, fut repris, et élevé à 150 pieds de hauteur, sur une longueur de 7 à 800 pieds, avec un plein succès par M. de Bétancourt. La maçonnerie en fut massivée, et l'on ne permit le passage des voitures que deux années après sa construction.

« La difficulté d'obtenir des mortiers qui résistent mieux aux intempéries que les terres (1), dit encore M. Raucourt, a sans doute été une des causes qui ont empêché jusqu'à présent l'usage de construire en mortier de blocailles de se répandre dans le Nord. Cependant ces constructions sont si solides, et surtout si peu coûteuses, qu'il est à désirer de les voir se reproduire, et comme on peut faire partout des mortiers hydrauliques, il peut être très-utile d'en recommander l'application, surtout dans les pays où l'on n'a que des cailloux roulés et de très-petites pierres, pour les gros murs et les voûtes, pour les massifs entiers de ponts, d'aqueducs, de conduite d'eau, etc. En employant les mêmes précautions que pour le pisé, il n'est presque pas d'espèce de travaux qu'on ne puisse entreprendre, et d'une manière fort économique...... »

Dans le livre que j'ai publié en 1835, sur l'emploi du béton, j'ai rapporté l'opinion de quelques ingénieurs sur la construction des grandes voûtes. Il s'agissait alors de la demande en autorisation, formée par mon frère, concessionnaire d'un pont en maçonnerie de trois arches, de 22 mètres d'ouverture chaque ; il proposait de construire ce pont en maçonnerie de béton. Avant

---

(1) Cette difficulté n'existe pas : il est maintenant bien constaté que les mortiers hydrauliques résistent très-bien aux intempéries, qu'elle que soit leur intensité.

d'autoriser l'exécution de ce travail, quoique aux risques et périls du concessionnaire, plusieurs ingénieurs furent consultés. M. Gaignères, alors ingénieur ordinaire à Castres (Tarn), dans son rapport en date du 2 décembre 1831, exprimait une opinion favorable, après avoir établi par des calculs les avantages que l'on peut obtenir du béton, par sa cohésion et sa résistance aux différentes pressions qu'il doit supporter. Il terminait son rapport en déclarant que « ...... quoi qu'il en soit, les probabilités de réussite sont jusqu'à présent en sa faveur (du béton); et puisque l'administration trouve un particulier qui offre à ses risques et périls d'essayer un nouveau système, qui apporterait dans l'art de bâtir de graves changements et d'importantes économies, *mon opinion est qu'elle doit favoriser cet essai, en laissant au concessionnaire toute liberté possible.* » — M. Cabrol, ingénieur en chef, qui dirigeait à cette époque les travaux de la navigation du Tarn, avait été également consulté sur ce projet : son opinion, émise dans son rapport en date du 14 décembre 1831, est favorable au système proposé; et, après avoir parlé de quelques expériences qui ont été faites sur le degré de résistance du béton, il s'exprime ainsi : « .... Cependant elles suffisent, avec les nombreuses applications du béton, aux grandes constructions qui ont été faites dans ce département, pour démontrer que les probabilités sont en faveur du système qui tendrait à *employer le béton aux voûtes de grandes dimensions.* » — Le conseil général des ponts-et-chaussées, appelé à prononcer sur cette question, décida, à une très-faible majorité, qu'il ne serait pas prudent d'autoriser le concessionnaire. Il se trouvait donc dans ce conseil un bon nombre d'ingénieurs voulant autoriser un essai, dont l'exemple eût été d'une grande utilité pour des ouvrages de ce genre. Mais M. le directeur-général voulut, malgré cela, avoir l'avis du conseil général du département du Tarn, parce que la route sur laquelle ce pont devait être bâti était départementale. Ce haut fonctionnaire écrivait ce qui suit à M. le préfet de Tarn :

Paris, le 22 mai 1832.

« M. le Préfet, j'ai fait examiner par le conseil général des ponts-et-chaussées, la demande du sieur Lebrun, adjudicataire du pont à construire sur la rivière d'Agoût, à Saint-Paul-de-Damiate, tendant à obtenir l'autorisation d'exécuter ce pont en béton, au lieu de le faire en maçonnerie, ainsi que l'exige le cahier des charges de son entreprise.

« Le conseil des ponts-et-chaussées avait été d'avis, à une faible majorité (une seule voix), de ne pas admettre cette demande; mais comme l'essai que proposait le sieur Lebrun était d'un grand intérêt sous le rapport de l'art; comme il ne devait rien coûter, ni à l'état, ni au département; comme il devait mettre au jour les avantages ou les inconvénients d'un système économique, j'avais pensé qu'il était convenable de prendre l'avis du comité de l'intérieur du conseil d'état, sur la proposition de ce concessionnaire.

« Ce comité, considérant, que bien qu'il soit du devoir de l'administration d'accueillir et d'encourager les découvertes utiles, et que, dans la circonstance présente, le succès de l'expérience que le sieur Lebrun désire tenter à ses risques et périls peut être très-profitable, puisque le bon marché de ce genre de construction mettrait beaucoup de communes à même d'établir des ponts dont elles ont besoin, a pensé qu'on devait éviter de s'abandonner avec trop de confiance à une innovation hasardeuse, et que l'autorisation demandée par le sieur Lebrun, de construire en béton le pont dont il est adjudicataire, ne pouvait lui être accordée.

« Il y a lieu, d'après cet avis, d'inviter le sieur Lebrun à présenter un nouveau plan dans le système du cahier des charges.

« Je remarque cependant que le conseil général de votre département pourrait désirer que l'on fît l'essai du système de construction en béton ; et comme la route sur laquelle le pont de Saint-Paul devait être établie est départementale, il ne peut qu'être utile de le consulter sur la proposition du sieur Lebrun. Je vous prie de la lui communiquer dans la session prochaine, et de me faire connaître ensuite la délibération qu'il aura prise.

« Recevez, Monsieur le Préfet, etc.

« *Le conseiller d'état, directeur-général des ponts-et-chaussées et des mines,*   Bérard. »

Sur cette invitation, M. le préfet du Tarn soumit la question au conseil général du département, dans sa session de 1832; et, dans la séance du 2 juin, il fut pris à ce sujet une décision ainsi conçue : « Le conseil général, appelé à donner son avis sur un nouveau mode de construction proposé par le sieur Lebrun, adjudicataire du pont de Saint-Paul, sur la rivière d'Agoût, et que ce concessionnaire désirerait appliquer à cette construction , se range entièrement aux raisons si bien motivées de **MM.** les ingénieurs (1). Toutefois, le conseil voit avec regret que, dans une telle entreprise, il ne soit pas possible de concilier la marche sage et classique de l'administration des ponts-et-chaussées, avec l'élan moins mesuré, mais plus entreprenant, et quelquefois plus heureux, d'un entrepreneur hasardeux.

« Le conseil verrait avec plaisir que l'administration supérieure pût confier à ce concessionnaire le premier travail de peu d'importance qui se présentera, pour servir d'essai au mode de construction qu'il présente. »

D'après cela, le concessionnaire fut forcé de renoncer à son projet; et la question serait peut-être encore à résoudre, si huit années plus tard je n'avais été autorisé à faire l'essai du béton à la construction du pont de Grisolles.

Quoi qu'il en soit, une quantité considérable de béton a été employée au pont de Saint-Paul, soit pour les fondations des piles et culées, soit pour les massifs intérieurs. Les voûtes ont été bâties en blocage ou moellons informes, noyés dans le mortier hydraulique.

Toutes les parties anguleuses des ponts doivent être faites en pierre ou en briques ; il ne serait pas prudent de les faire en béton, parce qu'elles pourraient être facilement écornées par le passage des corps flottants ou par un choc quelconque: la restauration de ces dégats présenterait ensuite de grandes difficultés.

Dans les voûtes de grande dimension, il serait opportun de placer quelques chaînes horizontales et verticales en briques ou en pierre, à l'intrados seulement, sur 40 à 50 centimètres d'épaisseur: elles auraient pour but de rompre l'unité du massif au parement, et d'atténuer l'apparence du retrait de la maçonnerie;

(1) Je dois dire que M. l'ingénieur en chef du département avait fait un rapport défavorable ; je n'en exposerai pas les motifs, parce qu'ils reposaient sur des présomptions que l'exemple du pont de Grisolles est venu déclarer sans fondement.

car, il faut le dire, la dessiccation du béton occasionne nécessairement un retrait, qui, sans être compromettant pour la solidité des ouvrages, n'en est pas moins désagréable à la vue, par
les minces fissures qui peuvent se produire à des distances réci-
proques de 15 à 20 mètres. Ceci, je le répète, ne serait utile que
pour les voûtes de grandes dimensions.

M. Vicat a puissamment encouragé et secondé mes études et
mes travaux; et, je dois le dire, dans toutes les relations qu'il
m'a été permis d'avoir avec ce savant ingénieur, il n'a cessé de
me témoigner sa conviction la plus absolue des avantages nombreux que le béton est destiné à fournir par son usage dans les
maçonneries en général, et surtout pour la construction des
voûtes de toutes dimensions.

En expliquant les procédés employés et la marche suivie dans
la construction du pont de Grisolles, dont on trouvera les détails au chapitre II de la troisième partie, je rapporte fidèlement
tout ce qui a été fait pour obtenir le succès de ce travail. Le lecteur trouvera dans cet exposé une indication de ce qu'il convient
de faire pour des travaux du même genre.

ARTICLE II.

CULÉES ET PILES DES PONTS SUSPENDUS.

De toutes les sortes de maçonneries en usage, celle en béton
est sans contredit la meilleure pour la construction des culées et
des piles des ponts suspendus. La propriété du béton de ne former qu'un seul bloc au bout d'un certain temps, rend presque
certaine l'indivisibilité des massifs par la force de traction des
chaînes qui y sont amarrées, et sur lesquelles repose tout le
système de solidité des ponts de cette espèce.

Après avoir rappelé dans quelles circonstances le béton peut
être utilement employé, M. le général Treussart s'exprime ainsi:

« Il y a encore une circonstance dans laquelle le béton peut être employé avec un grand avantage, c'est pour les culées des ponts suspendus. Lorsqu'on ne peut point accrocher les chaînes à un rocher sur le rivage, il est nécessaire de construire des culées. Or, les chaînes, tirant sous un angle d'environ 45 degrés, une grande partie de la tension agit dans le sens horizontal : si le massif des culées est en maçonnerie de pierres de taille ou en moellons, le mortier liant assez mal les pierres, cette force peut les disjoindre. C'est ce qui vient d'arriver (1828) au pont suspendu construit vis-à-vis les Invalides, à Paris. Je ne doute pas que les massifs de maçonnerie formant les culées n'eussent été dans le cas de résister à une force beaucoup plus grande que celle qu'ils avaient à supporter, si ces massifs avaient été d'une seule pierre; mais comme ils ont été construits en pierres de taille et en moellons, et que le mortier n'avait pas eu le temps de bien sécher, la maçonnerie s'est séparée en deux parties vers la moitié de la masse des culées, de manière à ce que l'on aurait pu mettre le poing entre les deux parties. Je crois que c'est ainsi que l'on peut expliquer l'accident qui a eu lieu et qui a forcé de démolir ce pont, avant même qu'il eût été complètement décintré. Si les massifs auxquels étaient accrochées les chaînes eussent été construits en béton, ils auraient formé une seule masse homogène, inséparable. Il aurait fallu que la tension des chaînes les entraînât tous entiers ou les rompît, tandis qu'il lui a suffi de disjoindre des pierres récemment unies par du mortier. Lorsqu'on fait un pont de ce genre, il me paraît donc nécessaire de faire en béton les massifs auxquels on doit attacher les chaînes, et ils doivent être construits un an d'avance, afin que le béton puisse prendre une solidité suffisante. »

Selon ce qui est exprimé ci-dessus par M. le général Treussart, il serait convenable de faire en béton les culées des ponts suspendus, même dans les localités où l'on trouverait les pierres en abondance: et cela, par l'excellente raison que le béton peut offrir un tout mieux lié, plus compacte, et dès-lors plus résistant à une force de traction, qu'une maçonnerie en moellons ou pierres de taille. Je partage à cet égard l'opinion de cet habile ingénieur.

ARTICLE III.

BARRAGES OU DIGUES EN RIVIÈRE; BAJOYERS D'ÉCLUSES; PONTS-CANAUX ET PONTS-AQUEDUCS; MURS DE SOUTÉNEMENT.

§. 1.ᵉʳ — *Barrages ou digues en rivière.*

Il est toujours nécessaire de construire des barrages dans le lit des rivières s'il s'agit de les rendre navigables, ou bien pour le service d'une usine, ou bien encore si l'on veut élever les eaux pour les irrigations.

La maçonnerie de béton sera toujours préférable pour ces ouvrages, et l'on en retirera des avantages qui seront facilement appréciés. — On y trouvera de l'économie sous le rapport de la dépense, parce que, ainsi que je l'ai dit en parlant des ponts, c'est dans le lit des rivières que l'on trouve les sables et les graviers en abondance, et que de simples manœuvres suffisent à la manipulation et à l'emploi des bétons; — on y gagnera pour ce qui est de la célérité des constructions, parce que de toutes les espèces de maçonneries, celle en béton pourra être exécutée avec le plus de promptitude; — on obtiendra une résistance plus efficace à l'action des courants, parce que le béton est susceptible d'une prise presque intantanée selon le degré d'hydraulicité de la chaux, et qu'il ne formerait plus qu'un seul corps dans toute l'étendue du barrage; — enfin on évitera les pertes d'eau, attendu que cette maçonnerie, à raison de son homogénéité et de l'adhérence immédiate de toutes ses parties, contiendra parfaitement les eaux du bassin supérieur, que l'on a toujours un grand intérêt à conserver, surtout aux époques où elles sont peu abondantes.

Il importe essentiellement que le massif des barrages repose sur un fond solide : on obtiendra ce résultat au moyen du dragage, à moins que la mobilité du sol n'oblige à fonder sur pilotis; dans ce cas, il sera prudent de recéper la tête des pieux, autant que possible, en contrebas de l'étiage inférieur, afin d'éviter les dégradations qu'occasionnerait la chute des eaux. La construction de risbernes sera fort utile, à l'effet de se garantir avec plus d'assurance des affouillements.

L'attention du constructeur doit se porter principalement sur la bonne immersion du béton; car la solidité des ouvrages dépend surtout du succès de cette opération. J'ai vu un barrage fait en béton, qui, pour ne pas avoir été fondé solidement, était devenu une espèce de pont, à suite d'une forte crue. Les bétons immergés avec peu de soin étaient sans consistance, et furent facilement détruits à suite des affouillements à l'aval du barrage.

Des accidents du même genre se reproduisent fréquemment, toujours par la même cause. Il faut donc les éviter, en donnant tous ses soins, repétons-le, à l'immersion des bétons.

L'entier massif d'un barrage ou digue peut être construit en béton; mais il sera convenable de placer des chaînes en pierre ou en briques, formant des compartiments ou caissons de 4 ou 5 mètres en carré, et de construire aussi en pierre ou briques le couronnement ou chevet de la digue, ainsi que les angles ou arêtes quelconques. La forme la plus convenable est celle du plan incliné; celle à chute verticale doit être évitée à cause des affouillements qu'elle occasionne presque toujours au préjudice de la solidité de ces ouvrages.

Si le béton est exclusivement employé à la construction d'une digue, il sera prudent de recouvrir le parement supérieur en planches, quelques vieilles qu'elles soient, et au fur et à mesure de la confection de chaque partie, pour le garantir de l'action des eaux pendant que les bétons sont encore frais. Ces planches pourront demeurer en place indéfiniment; et lorsqu'elles seront détruites, le béton aura atteint alors son plus fort degré de consistance, et l'entier barrage ne formera plus qu'un corps monolithe et indestructible.

§. 2. *Bajoyers d'Ecluses.*

« Je suis persuadé, a dit M. Treussart, qu'il y aurait souvent de l'économie et toujours un grand avantage, si, au lieu de faire les bajoyers des écluses en pierres ou en briques, on les faisait en béton. »

Les radiers et les fondations des écluses seront, en effet, toujours mieux faits en béton qu'en toute autre maçonnerie, et on doit lui donner la préférence, quand bien même on aurait à sa disposition de la pierre de bonne qualité, à raison de l'avantage que procure le béton de remédier plus efficacement aux infiltrations, qui finissent à la longue par détériorer les maçonneries et en compromettre la solidité.

Dans les devis des travaux du canal latéral à la Garonne, il était expliqué que les massifs des bajoyers et écluses seraient faits en maçonnerie de cailloux posés à la main; mais il fallait une quantité de cailloux, que le pays ne pouvait pas fournir : on eut alors recours au béton. La très-grande partie des écluses de ce canal sont ainsi construites, et l'on n'a employé la maçonnerie de briques que pour les parements : on y a gagné, par ce moyen, sous le double rapport de l'économie d'argent et du temps employé à l'exécution de ces ouvrages. Les travaux ainsi faits sont dans un parfait bon état; et nul doute que les parements en béton auraient également bien réussi, en plaçant de distance en distance des chaînes en briques, pour éviter des ruptures quelquefois apparentes dans des surfaces très-étendues. L'économie eût été, dès-lors, d'autant plus importante, que le mètre cube de béton n'a été payé moyennement que 14 ou 15 francs, tandis que la maçonnerie de briques a dû être payée au delà de 26 francs le mètre.

§. 3. *Ponts-Canaux, Ponts-Aqueducs.*

Dans la construction des ponts-canaux une chose doit surtout préoccuper les ingénieurs chargés de ces travaux : c'est le moyen d'éviter les pertes d'eau à travers le massif des voûtes et des maçonneries latérales. Pour ces travaux, le béton peut être d'une grande utilité, à cause de sa propriété d'être imperméable.

« On est fréquemment obligé, dit M. Treussart, de faire passer un canal par-dessus un cours d'eau, et *vice versà*. Dans ce cas, on construit un pont servant d'aqueduc. C'est ici surtout que le béton est indispensable, comme pour les aqueducs en général. Si l'on juge à propos de construire les voûtes en pierres ou en briques, il est indispensable, pour s'opposer aux filtrations, de faire en béton toutes les maçonneries au-dessus des voûtes. Dans les pays où l'on ne peut point se procurer à bon compte des matériaux propres à faire des voûtes, il serait avantageux de les faire également en béton; alors le pont-aqueduc se trouverait être d'une seule pièce. On peut construire de la sorte des arches de grande dimension, soit pour les ponts aqueducs, soit pour les ponts ordinaires. »

L'expérience du pont de Grisolles a parfaitement confirmé l'assertion émise par divers constructeurs sur l'imperméabilité du béton : après deux hivers consécutifs, on n'a remarqué dans la voûte aucune trace de la moindre infiltration, et le parement inférieur est demeuré constamment sec, comme si la construction se fût trouvée à l'abri des intempéries. Ce fait a été récemment constaté par M. Vicat dans son rapport à M. le ministre des travaux publics, sur les travaux du pont de Grisolles, qu'il avait recu mission de vérifier; M. Vicat a insisté surtout sur l'utilité du béton pour les ponts-aqueducs.

L'imperméabilité du béton ressort évidemment du fait observé dans les bassins, réservoirs, cuves-vinaires que l'on fait en béton dans certaines localités. M. Treussart rapporte qu'à Strasbourg on est parvenu à utiliser plusieurs souterrains dont le sol avait été descendu plus bas que le niveau des hautes eaux de la rivière, au moyen de l'établissement d'un massif de béton sur le fonds, et d'un renfort, aussi en béton, le long des murs.

Je n'insisterai pas davantage sur un objet qui sera, sans doute, reconnu et apprécié par les constructeurs qui ont été à même de faire usage du béton : ceux-là seront de mon avis.

Les ponts-aqueducs servent ordinairement au passage des eaux d'un ruisseau au-dessous d'un canal de navigation : pour ceux-là aussi le béton serait d'un emploi très-utile, par les mêmes motifs développés pour les ponts-canaux.

Dans les travaux du canal latéral à la Garonne, on a construit un grand nombre de ponts-aqueducs de 3 et 4 mètres d'ouverture et d'une longueur variée, dont les massifs intérieurs sont en béton et les parements en briques, ainsi que les voûtes; mais celles-ci sont recouvertes d'une couche de béton de 40 à 50 centimètres d'épaisseur. Des voûtes faites toutes en béton n'eussent-elles pas été aussi solides, d'une construction plus économique, et offrant plus de garanties contre les infiltrations, que l'on doit éviter dans ces circonstances?

<h3 align="center">§. 4. — Murs de quai et de soutènement.</h3>

Il n'y a que peu de chose à dire pour prouver les avantages de l'emploi du béton, dans la construction des murs de quai et de soutènement de terres, parce qu'il est incontestable que cette maçonnerie doit être préférée à toute autre, surtout dans cette circonstance.

On sait bien, en effet, que la résistance à la poussée des terres est en raison directe du poids des matériaux qui constituent la maçonnerie, et du système de cohésion de ces matériaux entre eux. Or, le poids du béton est au moins égal à celui de la maçonnerie de pierres, et supérieur à la maçonnerie de briques; et nul doute que la force de cohésion des matériaux qui forment de bons bétons, ne soit de beaucoup supérieure à celle dont peut être formée une maçonnerie d'une toute autre espèce ; ces conditions, rigoureusement imposées par les règles de l'art, se trouvent donc réunies dans le béton : cela ne peut être contesté.

Au bout d'un certain temps, le béton ne devant former qu'un seul bloc, on conçoit aisément que le massif de cette maçonnerie doive résister plus efficacement à l'action de la poussée des terres; et s'il était possible qu'il soit renversé, il tomberait comme une seule pierre. Il serait peut-être possible, à raison de cette propriété du béton, de diminuer les épaisseurs des murs que des règles fixes ont déterminées. Toutefois, il serait prudent de pratiquer de distance en distance des ouvertures appelées barbacanes, pour donner passage aux eaux provenant du suintement des terres.

L'expérience ayant démontré que des murs en béton d'une grande longueur sont sujets à de minces fissures apparentes, à des distances plus ou moins éloignées, dans l'intervalle de 15 à 25 mètres, et produites soit par les influences atmosphériques, soit par le retrait de la matière à suite de sa dessication, il serait utile de placer, de 15 en 15 mètres, des chaînes verticales en pierre ou en briques. Les murs construits en matériaux ordinaires ne sont pas à l'abri de ces influences : mais ces effets ne sont pas sensiblement appréciables, à cause de la multitude de lits ou joints dans lesquels sont distribuées les fissures ou gerçures. J'ai remarqué ce phénomène dans plusieurs ouvrages faits en béton, et notamment aux murs d'enceinte des bassins construits dans la rue Racine, à Paris, construits sous la direction de M. Mary, ingénieur en chef des eaux.

On a construit à Montauban, en 1840, un mur de quai de plus de 200 mètres de longueur, dont le massif général est en béton, à l'exception des parements, que l'on a faits en maçonnerie de briques : si l'on avait fait ces parements en béton, on eût obtenu

certainement une grande économie (Le mètre cube de maçonnerie de briques a été payé à raison de 20 fr. 72 cent., et celui
de béton, à 14 fr. 78 cent.); mais cela ne se pouvait guère pour
ce mur construit en prolongement d'un autre, dont les parements
sont en briques. Pour l'établissement des fondations de ce mur,
on n'a pas recherché le roc ou un terrain inaffouillable sur toute
la ligne : pour une partie, on est arrivé au tuf; dans une autre,
on s'est arrêté au gravier; et pour une troisième, on a été forcé
d'avoir recours au pilotis, à cause de l'inclinaison du tuf. On s'est
borné ensuite à planter une file de pieux et palplanches sur l'ali-
gnement extérieur; on a dragué à l'intérieur sur un mètre cinquante centimètres environ au-dessous de l'étiage; et après cela
on a garni le vide d'un massif général en béton, sur lequel le mur
a été élevé. Ce mur, terminé depuis un an, ne forme plus aujour-
d'hui qu'un seul corps homogène et indestructible.

Je ne terminerai pas ce paragraphe sans faire remarquer que
les parements en béton conviennent surtout aux murs de soutènement ayant talus, parce qu'alors on n'a pas à craindre de voir
naître et croître sur les faces de ces murs des plantes ou arbustes,
dont les racines, grossissant dans les joints des pierres ou des
briques, sont une des causes de destruction des murs bâtis avec
ces sortes de matériaux.

ARTICLE IV.

MURS DE REMPART; CASEMATES DES FORTS MILITAIRES.

J'ai rapporté, dans l'introduction de ce livre, les détails de la
discussion qui a eu lieu dans le sein de l'Académie des sciences,
sur la proposition développée de l'emploi des mortiers hydrauliques dans les travaux des fortifications de Paris. Je ne revien-
drai pas sur ce sujet.

En proposant à M. le Ministre de la guerre de prescrire l'usage
du béton dans la construction des murs d'enceinte et des forts à

l'entour de Paris, j'avais pensé, et je persiste encore dans cette opinion, qu'il y aurait économie, que les travaux pourraient être ainsi faits avec plus de facilité et de promptitude, et que le béton, par sa nature, résisterait mieux que la maçonnerie ordinaire aux coups des projectiles. Les assertions émises par M. Poncelet ne changent rien à ma manière de voir à cet égard, parce que les expériences dont il appuie son opinion ne sont point concluantes à la défaveur du béton.

On lit dans le *Mémorial de Sainte-Hélène* que « .... l'Empereur se plaignait surtout de la faiblesse de la maçonnerie actuelle. Il disait que désormais il était indispensable de mettre à l'abri de la bombe les casemates, les magasins et les établissements. Le génie, disait-il, avait un vice radical sur cet objet; il lui avait coûté des sommes immenses en pure perte...... » . Ces plaintes, de la part de l'Empereur, étaient fondées, sans doute, non pas tant sur la qualité des matériaux, que sur la nature des mortiers, dont la qualité durcissante est, quoi qu'on en dise, d'un puissant secours pour la solidité des maçonneries.

J'appuierai cette opinion de l'autorité de M. le général Treussart. Ecoutons ce qu'il dit à ce sujet, dans son mémoire sur les mortiers hydrauliques, à la page 224 : « Dans quelques départements du Nord de la France, on ne trouve point de pierres à bâtir; on est obligé de faire la grosse maçonnerie des revêtements en moellons de craie, et l'on construit par devant un parement en briques, pour préserver la craie du contact de l'air. Mais dans plusieurs de ces places les briques sont de mauvaise qualité, et les parements éprouvent bientôt des écorchements qui exigent des dépenses considérables d'entretien, lesquelles se renouvellent sans cesse. Je pense que, dans ces circonstances, il serait avantageux et économique de *construire les revêtements entièrement en béton.* On le composerait avec du mortier hydraulique, dans lequel on mélangerait des morceaux de craie, ou du gravier, ou des débris de briques, ou, enfin, de tous ces matériaux ensemble, dans les proportions que j'ai indiquées dans la première section. On aurait soin d'appliquer, du côté extérieur, un crépissage épais du même mortier. La maçonnerie en béton et son crépissage se feraient ensemble, afin de les lier parfaitement............ Dans les pays où l'on trouve de bonnes arènes, les revêtements en béton ne coûteraient pas cher, et, outre l'avantage d'éviter des dépenses d'entretien considérables, IL SERAIT PLUS DIFFICILE DE FAIRE BRÈCHE A DES REVÊTEMENTS EN BÉTON QU'A CEUX QUI SONT CONSTRUITS EN PIERRE............ J'observerai, ajoute M. Treussart, que dans la construction des revêtements, qui ont ordinairement 10 mètres de hauteur, et qui soutiennent une grande masse de terre, la mauvaise qualité des mortiers force souvent à donner aux maçonneries une épaisseur beaucoup plus grande que si le mortier était de bonne qualité. En faisant, ainsi que je l'ai proposé, toutes les maçonneries en mortier hydraulique, on augmenterait un peu la dépense; mais, d'un autre côté, on pourrait diminuer l'épaisseur des revêtements ; ce qui ferait compensation. En faisant les revêtements en béton, on aurait des murailles d'une seule pièce, et l'on pourrait réduire leur épaisseur d'une quantité sensible : ce qui procurerait une grande économie dans les pays où l'on rencontre de bonnes arènes. »

J'ai visité le fort de Charenton, à Paris, pendant sa construction, et j'ai vu que les murs de rempart étaient bâtis en moellons de craie et meulières, et mortiers hydrauliques; mais j'ai pu remarquer en même temps que l'on a trouvé dans les fouilles des fossés un banc de pierrailles de plusieurs mètres d'épaisseur entremêlées de sable de bonne qualité, qui aurait pu servir à la constitution *d'excellents bétons,* en employant, d'ailleurs, le même mortier qui servait à construire en moellons. Là, le béton eût procuré un immense avantage. Pourquoi ne l'a-t-on pas employé? C'est ce qu'il ne m'est pas donné d'expliquer.

Après avoir parlé des murs de rempart, disons un mot des voûtes des casemates et magasins d'approvisionnement.

Nonobstant les précautions à prendre pour mettre ces voûtes à l'abri de la bombe, il faut encore garantir les locaux intérieurs des infiltrations et de l'humidité. Or, je ne connais pas d'espèce de maçonnerie, fût-elle même en pierre de taille[1], qui soit plus propre que le béton à remplir à la fois ces deux conditions. Il est, en effet, de toute évidence, je l'ai plusieurs fois répété, qu'au bout d'un certain temps, un an au plus, une voûte en béton devient un vrai monolithe exempt de poussée, et pouvant résister à des chocs et des pressions très-considérables. L'action de la bombe est une sorte de pression par percussion ; et ce corps, tombant avec une grande force, ne pourra pas produire d'ébranlement sensible dans une voûte en béton, tandis que dans toute autre, en pierre de taille, meulière ou briques, cette puissante action devra nécessairement rompre la liaison des matériaux dans leur infinité de joints, et entraîner la ruine des maçonneries. L'imperméabilité des voûtes en béton étant parfaitement reconnue, elles conviennent sans contredit le mieux pour mettre les casemates et les magasins à l'abri des effets incommodes et insalubres de l'humiditié.

Espérons donc qu'un jour le génie militaire, mieux renseigné sur les propriétés des bétons, en fera usage dans l'exécution des divers travaux qui lui sont confiés.

ARTICLE V.

PRISONS ET HOSPICES.

La maçonnerie de béton peut être d'un grand secours dans la construction des prisons, dans le cas surtout où le système cellulaire serait définitivement adopté. Ce qu'il importe principalement, c'est de construire les murs de ces lieux de détention en matériaux que les prisonniers ne puissent pas facilement enlever ou détruire pour leur évasion ; les pierres et les briques offrent l'inconvénient qu'il suffit d'en enlever quelques-unes, pour ménager de suite une grande brèche, par la facilité d'extraction, dès que la liaison des assises se trouve interrompue. Le béton, disons-le, rendrait peu facile ce moyen de destruction, par la raison toute simple, que les murs ainsi faits ne formeraient plus qu'une seule pierre sans assises ni joints, et qu'il serait pour ainsi dire impossible de pratiquer une ouverture quelconque autrement qu'avec de forts outils, qui ne sont pas ordinairement à la disposition des prisonniers. On doit reconnaître en même temps que pour la destruction du béton il faudrait un travail long et persévérant pour enlever chaque particule de graviers, à cause de la forte cohésion des mortiers qui les tient liés; et lors même que l'on serait parvenu à faire une petite ouverture, il n'en serait pas plus aisé de l'agrandir, parce que les graviers ou cailloutis ne pourraient pas être plus facilement détachés des autres parties. Ce que je viens de dire pour les murs s'applique également aux voûtes.

A ces considérations d'une haute importance, vient s'en joindre une autre qui sera facilement appréciée : je veux parler des avantages du béton en ce qui concerne la salubrité des locaux. On est forcé presque partout de construire des cellules souterraines; c'est bien le cas dans cette occasion de faire usage du béton, à raison de sa propriété d'être inpénétrable à l'humidité venant du dehors, et, par cela même, d'être hydrofuge. On a déjà vu, au rapport de M. Treussart, qu'on était parvenu, à Strasbourg, à utiliser des lieux souterrains submersibles, au moyen d'une maçonnerie en béton faite sur le fond et au pourtour des murs de ces locaux.

Dans le système des prisons cellulaires, le béton se prêterait merveilleusement à la construction de ces loges séparées, mais adjacentes. Les murs et les voûtes, même pour les parties au-dessus du sol, pourraient être bâtis simultanément, pour le tout ne former ensuite qu'une seule masse indestructible, et que l'incendie ne pourrait atteindre d'aucune part. Les cellules ayant communément de 5 à 4 mètres de longueur, sur 2 mètres de largeur, et 5 mètres de hauteur sous voûte, on conçoit avec quelle facilité les ouvrages de ce genre pourraient être faits.

Ce que je viens de dire pour les prisons, s'applique également à la construction des étages souterrains des hospices et surtout des cabanons.

CHAPITRE DEUXIÈME.

CONSTRUCTIONS PARTICULIÈRES.

Après avoir parlé des services que l'usage du béton peut rendre en substitution des maçonneries ordinaires, pour certaines parties des maisons d'habitation, j'examinerai les nombreuses applications que l'on en peut faire dans d'autres circonstances, telles que pour la construction des fosses d'aisance, aqueducs, citernes, silos, glacières, bassins, abreuvoirs, cuves-vinaires, terrasses, etc.

ARTICLE Ier

BATIMENTS D'HABITATION ET USINES.

Dans les localités où, faute de pierres, on est forcé de bâtir en briques, on aperçoit que toutes les briques, à partir du rez-de-chaussée jusques à deux mètres au moins de hauteur, sont plus ou moins rongées par le salpêtre ; et par cette cause, les crépis ou enduits quelconques n'y peuvent tenir contre les faces des parements. Cet inconvénient est très-grave sous deux rapports : en premier lieu, la détérioration des parements est une cause principale de la ruine des murs ; en second lieu, l'humidité que procurent constamment des briques salpêtreuses est contraire à la salubrité des habitations. C'est dans les villes, surtout, que l'on l'on remarque plus particulièrement ce fait désagréable, et aussi dans les bâtiments ruraux situés sur des terrains bas et humides.

Un observateur, quelque peu attentif qu'il soit, reconnaîtra de suite la cause du fait que je viens de signaler : il apercevra que l'humidité, qui ronge les briques et les détruit, provient des fondations, d'où elle part en gagnant les briques de proche en proche, et remonte jusques à une certaine hauteur, pour disparaître ensuite par l'influence atmosphérique. S'il fallait une preuve à l'appui de l'explication de ce phénomène, on la trouverait dans l'observation suivante : Dans les murs extérieurs, l'action destructive de l'humidité provenant du sol, est portée à une moindre élévation que dans les murs intérieurs, parce que l'air, plus rare dans un cas que dans l'autre, absorbe plus difficilement les vapeurs humides, qui restent plus longtemps renfermées et condensées dans les locaux intérieurs.

Si pour les maçonneries de briques on faisait usage du mortier hydraulique, on éviterait en grande partie les inconvénients que je viens de signaler, parce que cette espèce de mortier, par sa qualité durcissante, est beaucoup moins pénétrable à l'humidité que les mortiers à chaux grasse, dont l'inertie complète est suffisamment démontrée aux yeux de tous les constructeurs. Mais cet effet serait bien plus efficace si toutes les maçonneries des fondations et des constructions souterraines étaient faites en béton : alors les briques des maçonneries supérieures seraient pour toujours à l'abri de l'humidité qui surgit du sol, et préservées de l'action destructive du salpêtre.

J'ai indiqué au chapitre III de la première partie les procédés à suivre pour la construction des murs en béton; ce serait une bonne chose, dans l'intérêt de la solidité et de la durée des ouvrages, et de la salubrité des habitations, que de faire en béton, non seulement toutes les constructions souterraines, mais encore les murs au-dessus du sol jusqu'au premier étage, tout au moins : on y gagnerait, en outre, sous le rapport de l'économie.

Mais c'est principalement pour les bâtiments d'habitation ou d'exploitation rurale, que le béton serait d'un emploi très-utile et très-économique. Ceux-là sont rarement élevés, pour l'habitation surtout, au-dessus du rez-de-chaussée, et le cultivateur s'y trouve renfermé dans une atmosphère constamment humide et malsaine. On se garantirait de ces inconvénients au moyen des murs en béton et des aires, aussi en béton, étendues sur le sol des rez-de-chaussée, en mode de carèlement, à l'instar des constructions romaines de ce genre. La maçonnerie de béton aurait ceci d'avantageux sur toute autre : c'est que les laboureurs pourraient, à temps perdu, s'approvisionner de sables et de graviers ou pierrailles, et qu'il n'y aurait ensuite qu'à faire la dépense de la main-d'œuvre et de l'achat de la chaux hydraulique.

Dans les villes et à la campagne, on est presque toujours dans la nécessité de bâtir des caves souterraines pour y renfermer les provisions de vin : c'est bien là le cas de faire usage du béton pour la construction des murs et des voûtes. Ces sortes d'ouvrages peuvent être faits avec beaucoup de facilité et la plus grande économie. Voici de quelle manière on doit procéder : s'il s'agit de construire une ou plusieurs caves dans une habitation nouvelle, on trace sur le terrain leur emplacement, en augmentant l'épaisseur ordinaire des murs dans cette partie des fondations du bâtiment ; on fait les fouilles jusqu'à la profondeur à donner à la cave, et même 30 ou 40 centimètres en contrebas du sol de cette cave, afin que la base de ces murs ne soit pas à découvert. On doit faire en sorte de déblayer les tranchées aussi d'aplomb que possible, surtout du côté intérieur, afin qu'après l'enlèvement des terres les parements soient droits et très-unis. Cela fait, le béton, étant préparé de la manière indiquée ci-devant, sera projeté dans le vide des fouilles, où il sera piloné, pour donner à la masse l'homogénéité désirable, et l'on élèvera cette maçonnerie jusqu'au niveau des naissances des voûtes. Les tranchées étant garnies au même niveau, on procèdera à la formation du cintre de la voûte, en modelant le terrain suivant la courbure qu'on voudra lui donner, et l'on observera de bien tasser les terres, pour qu'elles ne soient pas compressibles par le poids du béton ;

on garnira ensuite en béton le massif de la voûte, en lui donnant au sommet une épaisseur suffisante, et en ayant le soin de ménager les ouvertures nécessaires, soit pour la descente de cave, soit pour en éclairer et aérer l'intérieur. Les choses en cet état, et lorsqu'il sera reconnu que les bétons auront acquis une dureté suffisante, on enlèvera les terres du dessous des voûtes, en les faisant passer par les ouvertures dont je viens de parler. Si le sol des caves est placé dans une position humide ou quelque peu submersible, il serait bon d'étendre sur toute sa superficie une couche de 20 centimètres environ de béton, qui garantirait de toute infiltration.

L'usage du béton sera surtout très-utile, on ne saurait trop le recommander, dans les villes et les campagnes situées le long des rivières qui, lors des fortes crues, inondent les habitations. Le Rhône, la Loire, la Garonne et plusieurs autres grandes rivières, sont sujettes à de grands débordements, qui portent la ruine et la dévastation dans les habitations plantées sur leurs rives submersibles. C'est là précisément que l'emploi des mortiers hydrauliques et bétons devrait être prescrit d'une manière absolue.

Nous avons encore présents à notre mémoire les déplorables effets des inondations qui, au rapport des Journaux, ravagèrent en 1840 les propriétés longeant les rives du Rhône. A cette époque, M. Vicat donnait une leçon qui sera écoutée, n'en doutons pas, car elle est profitable à tous, et à ceux principalement qui se trouvent dans la position qu'il dépeint. M. Vicat écrivait le 18 novembre 1840, au *Moniteur Universel,* une lettre insérée dans le numéro du 19 du même mois, dans laquelle on lit les passages suivants : « .... Deux causes principales décident l'écroulement d'une maison en butte à une inondation : 1° l'affouillement du sol, provoqué par le courant qui s'établit contre les murs : courant dont la puissance est augmentée par l'obstacle même; 2° l'action de l'eau sur la cohésion des mortiers ou pisés employés.

« Les précautions à observer dans la construction d'un édifice quelconque, pour le mettre à l'abri de tout danger en cas d'inondation, sont donc très-simples : elle se réduisent à deux, savoir :

« 1° N'employer que du mortier à chaux hydraulique en fondation, et jusqu'à la hauteur présumée où les eaux peuvent atteindre;

« 2° Si la maison est isolée, comme le sont ordinairement celles des cultivateurs et toutes les fermes en plein champ, couvrir le sol, au pourtour des murs, d'un pavé assis sur un bain de mortier hydraulique, ou mieux, d'une aire de béton composé de cailloutage mêlé avec le même mortier.

« Il n'est pas nécessaire que ce mortier ou bétonnage ait plus de 15 à 20 centimètres d'épaisseur, et s'étende à plus de 2 mètres autour des murs. Mais vis-à-vis des parties saillantes, angles ou contreforts, là où peuvent se former des tourbillons, il convient de porter cette largeur jusqu'à 3 ou 4 mètres, selon la force présumée des courants et le degré de consistance du sol.

« Avec ces précautions, aucune maison ne peut être emportée par une inondation ordinaire. Je dis ordinaire, pour distinguer le cas d'un torrent produit subitement par une trombe, et sur des terrains très-inclinés : torrent auquel rien ne résiste.

« On pourra se demander comment il est possible qu'une muraille bâtie de moellons avec mortier ordinaire à chaux et sable, s'écroule par le seul effet *de la mouillure?*

« A cela, je réponds qu'un tel mortier, mouillé à fonds, redevient à-peu-près aussi mou qu'au moment de l'emploi, parce qu'à l'exception des parties superficielles, qui se sont carbonatées, le reste n'a de cohésion que par une simple dessication dont l'eau vient détruire tout l'effet.

« Il ne faut point s'y tromper, le propre poids des hautes murailles minces, construites en simples moellons, augmenté du poids des combles, des planchers, des meubles, etc., les ferait infailliblement écrouler, si le mortier restait frais comme au moment de la pose. La chose, d'ailleurs, n'est pas sans exemple : on a vu fréquemment des maisons s'abîmer sous elles-mêmes, pour avoir été montées avec trop de célérité. Si donc les murailles cimentées avec du mortier à chaux grasse résistent, c'est parce que ce mortier se dessèche à mesure que ces murailles s'élèvent et acquièrent ainsi une cohésion suffisante. Mais qu'une inondation de plusieurs jours vienne le détremper, et lui rendre à très-peu près la faible consistance qu'il avait au moment de l'emploi, la stabilité de l'édifice sera gravement compromise...... »

Après ces explications de M. Vicat sur l'utilité de l'emploi des mortiers hydrauliques et bétons, il n'y a plus rien à dire pour démontrer la nécessité de l'usage de ces ingrédients, pour la construction des maçonneries exposées dans des lieux constamment humides ou sujettes à être baignées et submergées par les eaux lors des inondations des rivières.

On conçoit, par ce qui précède, les avantages que l'on pourra retirer du béton, si on l'emploie dans la construction des murs des moulins à blé ou usines quelconques, parce qu'en outre de la bonté de cette espèce de maçonnerie, on y trouvera une grande économie, à cause de la facilité de se procurer les sables et les graviers. Sur la rive gauche du Tarn, non loin de Marssac, mon frère vient de faire bâtir un moulin à blé dont toutes les parties, les murs, les voûtes et les cuves sont en béton. Le tout est d'une solidité parfaite.

ARTICLE II.

FOSSES D'AISANCE ET AQUEDUCS.

L'espèce de maçonnerie à employer dans la construction des fosses d'aisance doit être telle qu'elle puisse garantir les terres environnantes des infiltrations des matières liquides et infectes qui se répandent quelquefois dans les caves et les puits. La maçonnerie de béton me paraît être la plus sûre pour éviter ces in-convénients.

Dans les établissements publics tels que les colléges, les sémi-naires, les hôpitaux et les prisons, où les fosses ont ordinairement une grande capacité, il sera plus utile d'employer le béton, parce qu'à raison de la grande quantité de matières fécales, la pression sera plus forte, et, dès-lors, les infiltrations plus faciles.

Lorsque les dimensions des fosses le permettront, on pourra modeler la terre à déblayer selon la courbe à donner à la voûte, en remplacement du cintre; on procèdera alors comme je l'ai fait pour la voûte de la cave de Gaillac, dont j'ai déjà parlé. On dé-blayera les terres des murs du pourtour de la fosse, jusqu'à la profondeur voulue, en même temps que l'on modèlera la terre destinée à recevoir la maçonnerie de la voûte. Cela fait, on dé-posera le béton dans les tranchées, en ayant le soin de le bien massiver au moyen de pilons ou battoirs; le béton pour la voûte sera déposé sur son cintre naturel, en laissant des ouvertures pour chaque siége des lieux, ainsi qu'une autre, beaucoup plus grande, pour la vidange des matières. C'est par cette dernière ouverture que l'on pourra ensuite, et lorsque les bétons auront fait une prise suffisante, enlever les terres de l'intérieur de la fosse qui auront servi de cintre pour la voûte. Après l'enlèvement de ces terres, on construira, aussi en béton, au fond de la fosse, un massif de 25 à 30 centimètres d'épaisseur, qui comprendra toute la superficie intérieure. On combinera les différentes épais-seurs des murs de pourtour et des voûtes, avec les dimensions de chaque fosse.

Dans plusieurs villes, la vidange des matières des lieux d'ai-sance s'opère naturellement au moyen d'aqueducs construits sous le pavé des rues, et débouchant dans des rivières ou ruis-seaux. L'intérêt de la salubrité publique devrait s'opposer au maintien de cette coutume: d'une part, les eaux sont viciées par les matières qu'elles délayent; et, d'autre part, s'il survient des engorgements dans les aqueducs (ce qui ne peut manquer d'arriver très-souvent), les habitations des quartiers dans lesquels les ouvrages ont lieu sont infectées par les miasmes putrides qui s'échappent de l'ouverture de ces conduits, et la circulation demeure interrompue pendant le temps de ces réparations. Quelquefois aussi, les pieds-droits de ces conduits étant perméables, à raison de leur mauvaise construction, les matières se répandent dans les caves, où elles portent l'infection. J'indiquerai encore le béton comme très-propre à éviter ces infiltrations et à assurer pour toujours la solidité des ouvrages.

ARTICLE II.

CUVES VINAIRES.

Le mode de construction en maçonnerie des cuves vinaires n'est pas nouveau: depuis long-temps cette méthode est en usage dans le Bas-Languedoc; les environs de Toulouse en possèdent aussi quelques-unes. Ces cuves sont construites en pierre de taille, ou en maçonnerie de briques; on en trouve très-peu où l'on ait employé quelques parties de béton. De ces trois espèces de maçonnerie, on doit accorder la préférence à celle-ci, parce qu'elle conviendra le mieux pour rendre imperméable le vase destiné à renfermer la vendange et le vin.

Les cuves en béton ont sur celles en bois le double avantage d'être beaucoup plus économiques, et de remédier à des inconvénients fâcheux résultant de la fermentation de la vendange.

En ce qui concerne l'économie, prenons pour exemple une cuve contenant 180 hectolitres; elle coûtera, construite en bois selon la forme adoptée, environ 1,000 fr.; une cuve de même capacité, construite en béton dans un pays où la chaux hydraulique serait d'un prix modéré, et où les graviers, les cailloux et le sable ne seraient pas très-rares, ne reviendrait guère qu'au prix de 400 fr. : il y a donc une économie de six dixièmes, en faveur du système de construction en béton. Quant au deuxième avantage qui doit résulter de l'adoption de cette méthode, il est évident que la vendange ou le vin déposés dans ces cuves, ne contracteront pas de mauvais goût provenant du vase. Les cuves en bois exigent des soins et un entretien minutieux, qui quelquefois occasionnent des dépenses considérables; celles en béton, au contraire, lorsqu'elles seront bien construites, n'exposeront à aucun frais d'entretien, et pourront durer des siècles dans un état de solidité toujours progressif.

D'un autre côté, les cuves en bois sont ordinairement coniques; cette forme a été adoptée, sans doute, pour que les cercles en bois qui les entourent contribuent, par leur propre poids, à serrer constamment les douves placées tangentiellement à deux circonférences, dont la plus développée est à la base de la cuve et la plus courte au sommet. Il résulte nécessairement de cette disposition, que lorsque la vendange a fait un affaissement par l'effet de la fermentation, il se forme une couronne de vide qui met le vin en communication avec l'air extérieur, et lui procure un goût aigre qu'il n'est très-souvent plus possible de lui enlever. Cela dépend, comme on le conçoit aisément, de ce que au sommet, le diamètre de la cuve étant plus court qu'à la base, au fur et à mesure de son affaissement, la vendange n'est plus en contact avec les parois du vase. Cet inconvénient, auquel les propriétaires doivent faire la plus grande attention, m'a été signalé par un riche propriétaire de vignes des environs de Gaillac.

On évitera les accidents que je viens de signaler au moyen de la construction des cuves en béton; il sera alors facile de leur donner un diamètre égal sur toute leur hauteur, ou, mieux encore, de les construire en sens inverse des cuves en bois, en plaçant à la base le diamètre le plus petit, et le plus grand au sommet, et en donnant, par ce moyen, aux murs de pourtour, un léger fruit en dedans et en dehors de la cuve.

M. le chevalier Astier, de Toulouse, pense que pour obtenir

des avantages dans la fabrication du vin, il est indispensable d'opérer la fermentation en vase clos, en réservant, toutefois, une étroite ouverture au couvercle de la cuve, pour permettre le dégagement de l'acide carbonique (1).

D'après cela, la partie supérieure de la cuve devrait être recouverte d'une voûte aussi en béton, en laissant au milieu une ouverture de **70 à 80** centimètres de diamètre pour l'introduction de la vendange. Alors, au moyen d'un chassis en charpente et d'une fermeture en bois, il serait facile de clore hermétiquement le vase, et de permettre le dégagement de l'acide carbonique par plusieurs trous pratiqués dans cette fermeture.

Toutes les parties d'une cuve seraient ainsi entièrement construites en béton, d'après les procédés que j'ai déjà indiqués. L'aire du fond, légèrement inclinée du côté du robinet placé en avant à l'extrémité d'un tuyeau traversant le mur, faciliterait la complète évacuation du liquide.

Les surfaces extérieures et intérieures d'une cuve ainsi construite seraient crépies et enduites avec du bon mortier, auquel on ajouterait une partie de ciment, en supprimant une égale partie de sable, afin que cet enduit soit plus lisse, plus uni et en même temps plus solide.

ARTICLE IV.

CITERNES, SILOS ET GLACIÈRES.

L'abbé Rozier a dit, dans son dictionnaire d'agriculture, que de toutes les manières de construire une citerne, *la meilleure,* c'est-à-dire *la plus économique, la plus expéditive et la plus sûre, est en béton.*

Quelques notions sur les avantages des citernes trouveront ici

(1) Proposition au congrès méridional tenu à Toulouse, session de 1834, page 113 du rapport historique.

leur place. Écoutons le langage de M. de Perthuis, dans son *Traité d'Architecture rurale :*

« Lorsqu'une localité se refuse absolument à la construction des puits, soit par sa position trop élevée ou trop éloignée des hauteurs dominantes, soit par la nature de son sol, il n'y a plus d'autre ressource pour s'y procurer de l'eau, que celle de réunir dans un réservoir ou souterrain voûté, les eaux pluviales qui s'égouttent des toits des bâtiments, ou même qui se versent des côteaux dans les vallons; ce réservoir s'appelle alors une *citerne.*

« La construction des citernes exige beaucoup de soins et de précautions, et devient nécessairement dispendieuse. C'est pourquoi l'on trouve encore tant de localités qui n'en ont point, et où cet établissement serait indispensable pour préserver leurs habitants des maladies annuelles auxquelles les exposent la privation de l'eau ou l'usage habituel d'eaux malsaines.

« Une citerne doit être enfoncée en terre comme une cave, tenir parfaitement l'eau, et la conserver potable au moins autant de temps que peuvent durer localement les plus longues sécheresses de l'année. L'eau de citerne est, d'ailleurs, regardée comme la boisson la plus saine pour les hommes et pour les animaux, lorsqu'on a l'attention de n'y pas introduire celles des premières pluies qui tombent après une longue sécheresse, ou pendant un orage, parce qu'en traversant l'atmosphère elles s'imprègnent des exhalaisons de la terre, élevées et suspendues dans cette atmosphère. Les meilleures eaux sont celles que l'on recueille des toits au printemps et à l'automne; et dans l'été, celles des pluies qui succèdent aux orages: parce qu'alors l'atmosphère est épurée, les toits des maisons sont lavés, et toutes les ordures accumulées dans les tuyaux et les chanées sont entraînées. »

La propriété principale d'une bonne citerne étant de bien conserver l'eau, cette condition sera parfaitement remplie par la maçonnerie de béton, ainsi que l'a dit l'abbé Rozier. Elle sera voûtée, afin d'éviter que l'eau ne s'y gèle en hiver et qu'elle ne s'échauffe trop en été; l'eau s'y conserve beaucoup mieux si l'on a l'attention de lui donner le plus de profondeur qu'il sera possible.

La forme à donner à une citerne n'est pas soumise à des règles particulières; celle oblongue doit être adoptée de préférence, parce qu'il sera plus aisé de l'exécuter en maçonnerie de béton. La voûte sera alors construite en berceau, ayant au sommet l'ouverture pour le puisage des eaux.

« Quoi qu'il en soit, dit encore M. de Perthuis, les dimensions d'une citerne doivent être calculées sur la consommation présumée du ménage. Il vaut mieux, cependant, que la citerne soit de beaucoup trop grande que trop juste pour ses besoins. Voici le point de fait dont on peut partir pour déterminer la quantité d'eau qu'elle doit contenir.

« Il est reconnu que le terme moyen de l'eau qui tombe annuellement sur le sol de la France est de 20 pouces de hauteur (*Delahire*, Mémoires de l'Académie royale des Sciences, année 1703; et M. *Cotte*, Mémoires de physique, tome 54, page 224).

« Cela posé, toute maison de 40 toises de superficie pourra réunir chaque année un volume d'eau de 2,160 pieds cubes au moins, en prenant seulement 18 pouces pour la hauteur de ce qu'il en tombe : les 2,160 pieds cubes équivalent à 75,600 pintes d'eau, à raison de 35 pintes par pied cube.

« Maintenant, si l'on divise 75,600 par 365, nombre de jours de l'année, le quotient 207 indiquera le nombre de pintes d'eau que les habitants de la maison auraient à consommer journellement; et si cet approvisionnement était en proportion avec leurs besoins, il ne s'agirait plus que de donner à la citerne les dimensions nécessaires pour pouvoir contenir les 2,160 pieds cubes d'eau, ou quinze pieds de longueur, douze pieds de largeur, et douze pieds de profondeur au-dessous du niveau de la gargouille de décharge du trop plein.

« Cependant, on peut réduire ces dimensions d'une citerne : car les eaux du ciel ne tombent pas simultanément sur la terre. Il y a des saisons pluvieuses et des temps de sècheresse; et pourvu que la citerne contienne assez d'eau pour les besoins du ménage pendant les plus longues sècheresses, dont la durée est ordinairement connue localement, elle remplira sa destination aussi complètement que si on lui donnait une capacité suffisante pour réunir en une seule fois toute l'eau nécessaire à cette consommation pendant toute l'année. »

Je vais indiquer la manière la plus économique, et qui me paraît la plus sûre, pour bien construire en maçonnerie de béton une citerne qui aurait les dimensions susdites, c'est-à-dire *cinq mètres* de longueur, *quatre mètres* de largeur, et *quatre mètres* de profondeur, à partir de la gargouille jusqu'au fond.

Après avoir tracé sur le terrain le périmètre de la citerne, et en même temps les épaisseurs des murs, que l'on pourra fixer à *soixante-dix centimètres*, on enlèvera les terres de ces tranchées, jusqu'à la profondeur voulue, de la même manière que s'il s'agissait de creuser des fondements de murs; on aura le soin de rendre le parement du côté de l'intérieur parfaitement d'aplomb et uni autant que possible. Cela fait, le béton sera déposé et massivé dans ces tranchées, en suivant les procédés déjà indiqués, et en laissant les ouvertures nécessaires pour le déversoir du trop plein et pour l'écoulement des eaux dans la citerne. Cette opération pourra avoir lieu dans l'hiver, avant les gelées. Deux ou trois mois après que ce béton aura été mis en place, et lorsqu'on se sera assuré qu'il a fait une prise suffisante, on enlèvera les terres intérieures comprises dans l'enceinte des murs, qui doit former le vide de la citerne. Le fond sera préparé au moyen d'un corroi en terre glaise, et ensuite recouvert dans toute sa superficie d'une couche de béton de *quarante centimètres* d'épaisseur. Les faces intérieures des murs et du fonds de la citerne seront crépies et enduites en mortier de chaux et ciment, et ensuite lissées avec un caillou, afin de faire disparaître les gerçures qui pourraient se manifester par la dessiccation.

La voûte d'une citerne pourra être construite en berceau, au moyen d'un cintre en bois, ou, mieux encore, en utilisant pour cela les terres de l'intérieur. On laissera au sommet une ouverture carrée ou circulaire pour le puisage des eaux; cette ouverture sera recouverte d'une fermeture en bois, percée de quelques trous, ou, mieux encore, d'un chassis en fil d'archal. Cette fermeture ou ce chassis peuvent être placés sur une *margelle* en maçonnerie, élevée de trois pieds au-dessus du sol.

Lorsqu'à raison de circonstances de localité il ne sera pas possible de ramasser une assez grande quantité d'eau venant des toitures des bâtiments, on pourra réunir celles qui coulent sur les terrains environnants : mais alors la citerne devra être précédée d'un *citerneau,* ou réservoir ouvert, dans lequel les eaux pluviales viendront déposer le sable et les graviers dont elles peuvent être chargées, avant de parvenir à la citérne.

En général, les citernes sont d'une grande utilité dans une foule d'endroits où l'on est réduit à boire, pendant l'été, l'eau des mares trouble et souvent croupie ; ou bien encore, dans les lieux élevés dont les habitants sont obligés d'aller au loin, et à grands frais, chercher l'eau qui leur est nécessaire. Palladio dit, en parlant des citernes : « L'eau du ciel est tellement préférable à toutes les autres pour servir de boisson, que quand même on pourrait s'en procurer de courante, l'on devrait ne l'employer qu'aux lavoirs et à la culture des jardins. »

L'usage des silos destinés à conserver les grains, était autrefois très-répandu : il est encore pratiqué dans certaines mais rares contrées. C'est dans les places de guerre, surtout, où les silos peuvent être d'une grande utilité.

La condition principale qui doit être particulièrement observée dans la construction des silos, est de les bâtir de manière à ce que les grains qu'ils sont destinés à renfermer soient parfaitement à l'abri de l'humidité. Or, je ne connais pas d'espèce de maçonnerie qui puisse mieux que le béton remplir cette condition importante.

« On cherche, aujourd'hui, dit M. Treussart, le moyen de conserver les grains dans des silos. Pour réussir, il faut les préserver du contact de l'air et de l'humidité. On obtiendra facilement ces deux conditions à la fois, en construisant les silos en béton. Lorsque les grains y seront déposés, on pourra également les fermer par une maçonnerie en béton. Les silos peuvent être d'un grand avantage pour l'approvisionnement des places de guerre : c'est un objet sur lequel il serait important de porter son attention. »

Pour la construction des glacières, le béton serait également d'un grand secours, parce que, ainsi que pour les silos, il est essentiel que l'intérieur soit mis à l'abri de l'air et de l'humidité; si cette condition n'était pas bien observée, on serait exposé à voir fondre la glace, et à perdre le fruit d'un grand travail et de fortes dépenses.

Tous les murs de pourtour d'une glacière peuvent donc être faits en béton, et avec une grande facilité. La forme éliptique étant la plus convenable pour ces sortes d'ouvrages, le béton se prêtera très-bien à cette façon. La voûte servant à fermer la glacière par le haut sera faite de la même manière, en laissant une ouverture circulaire, semblable à celle d'un puits, pour l'introduction de la glace. On fera également en béton les murs et la voûte du vestibule qui doit précéder l'entrée de la glacière.

En adoptant la maçonnerie de béton pour ces sortes d'ouvrages, on sera assuré du succès, à la condition, néanmoins, que cette construction soit placée dans une position convenable, à l'abri des chaleurs de l'été, et de manière à ce que les eaux puissent librement s'écouler.

ARTICLE V.

ABREUVOIRS, BASSINS, RÉSERVOIRS.

La condition essentielle d'une bonne construction des bassins et des réservoirs, surtout quand ils sont alimentés par une source peu abondante, est de ne pas laisser échapper l'eau.

La méthode suivie dans ces ouvrages consiste, en général, à placer un corroi de glaise bien battue dans le pourtour et au fond des bassins; ce corroi est employé quelquefois seul, et d'autres fois il est placé entre deux murs en forme d'encaissement, dans lequel la terre est battue. Mais ce moyen ne réussit pas toujours pour conserver les eaux; il faut, pour réussir, que le terrain soit de nature compacte, afin d'éviter les infiltrations : ce que l'on ne rencontre pas toujours à portée des habitations.

Dans le plus grand nombre des propriétés rurales, la rareté des eaux courantes oblige à réunir dans des réservoirs les eaux pluviales ou celles d'une source, pour servir à abreuver les bestiaux. Il importe essentiellement que les parois et le fond de ces réservoirs soient construits de manière à éviter les infiltrations : à cet effet, on emploiera la maçonnerie de béton qui sera la plus convenable pour la conservation des eaux, et en même temps la plus économique. Un abreuvoir sera vaste et profond, pour ne manquer jamais d'eau; ses bords seront plantés de quelques arbres parce que ces grands végétaux l'assainissent et le rendent plus frais. Pour que les murs d'enceinte puissent résister à la poussée des terres, leur épaisseur sera calculée de manière à ce que, vers le milieu de leur élévation, elle soit égale au tiers de la hauteur des terres qui forme la profondeur du réservoir (1). Ainsi, par

---

(1) On donne ordinairement aux murs de soutènement une épaisseur moyenne égale au tiers de la hauteur des terres. Quoique je sois convaincu que le béton soit capable de résister à une poussée de beaucoup supérieure à celle qui agirait contre toute autre espèce de maçonnerie, j'ai indiqué ces mêmes dimensions, en attendant qu'une expérience ait fixé la limite de la résistance de la bonne maçonnerie de béton.

exemple, si cette profondeur se trouve être de trois mètres, l'épaisseur moyenne de ces murs sera d'un mètre. Le fonds du réservoir sera recouvert d'une couche de béton de 20 à 25 centimètres d'épaisseur, fortement massivée, et enduite, ainsi que les murs de pourtour, en mortier de chaux et ciment.

On se conformera aux mêmes règles que je viens de prescrire pour la construction de bassins dans les parterres et les potagers; ces endroits étant très-fréquentés, on ne devra pas donner à ces espèces de réservoirs plus de 60 à 70 centimètres de profondeur, afin d'éviter tout accident fâcheux. Si la localité peut le permettre, le fonds du bassin sera établi de manière à faciliter l'évacuation des eaux par une ouverture placée au point le plus bas, afin de pouvoir le nettoyer de temps en temps.

ARTICLE VI.

AIRES ET TERRASSES.

La construction des aires des terrasses peut être de plusieurs espèces : le plomb, le zinc, le bitume, les carrellements en briques, sont les plus en usage. Les couvertures en plomb et en zinc, en outre de leurs prix élevés et des difficultés de la pose, présentent l'inconvénient d'être impraticables pendant et après les fortes chaleurs. Celles en bitume sont plus économiques : mais cette matière a quelquefois l'inconvénient de se ramollir par l'effet de la chaleur du soleil, et, d'ailleurs, d'absorber cette chaleur qu'elle rejette ensuite dans l'intérieur des appartements placés immédiatement au-dessous des terrasses. Les recouvrements en carreaux de briques réussissent rarement, surtout lorsque les terrasses sont établies sur des planchers en bois. Les voûtes en maçonnerie sont en général préférables pour la construction des terrasses, quel que soit le système de recouvrement que l'on ait adopté.

M. Borgnis, ingénieur, rapporte qu'à Naples, où la plupart des

maisons sont couvertes de terrasses, on forme le pavé de ces terrasses, nommé *Lastrico*, de la manière suivante : d'abord, on bou-
che avec de la chaux les joints du plancher, et on étend dessus
un lit de petites pierres à sec, de deux pouces environ de
grosseur; puis on dépose dessus une couche de béton, formée de
chaux et de *lapillo* (petites pierres volcaniques de la grosseur
d'un œuf de pigeon). Cette couche a d'abord 7 à 8 pouces d'épaisseur, que la massivation diminue d'un quart. Les ouvriers qui
font cette opération se servent de battes en bois, et frappent
fortement dans un sens, et ensuite ils croisent leurs coups en
sens opposé, mais avec moins de vigueur; ils répétent ce travail
jusqu'à trois fois, en mettant un jour d'intervalle entre chaque
battue. Enfin, ils couvrent le *Lastrico* de terre, et le laissent
ainsi couvert près de deux mois. Le *Lastrico* acquiert une telle
dureté, qu'on se sert des vieux débris, en guise de pierres de
taille, pour faire des marches d'escalier et des appuis de croisées.

On n'est pas toujours le maître de faire la terrasse sur une
voûte : dans ce cas, on pourra l'établir sur un plancher, en prenant
les précautions suivantes : d'abord, après s'être assuré de la qualité et de la force des bois, on déposera sur les planchers un lit
de fougère ou de paille, afin de les garantir des effets caustiques
de la chaux ; sur ce lit, on placera une couche de recoupes de
pierres ou de briques concassées à l'épaisseur de sept à huit centimètres. La deuxième couche, qui aura dix centimètres d'épaisseur, sera en béton, dont les plus gros graviers n'excéderont pas
la grosseur d'une noix; ce béton sera fortement massivé dans
tous les sens et pendant long-temps. Avant que cette deuxième
couche soit desséchée, on en étendra une troisième, formée aussi
de béton auquel on aura ajouté une partie de ciment, et dont les
graviers, qui auront servi à sa composition, ne seront pas plus
gros qu'une noisette; ce béton sera également massivé comme
pour la deuxième couche.

Après cela, on recouvrira la superficie de la terrasse d'une couche de terre de huit à dix centimètres d'épaisseur, que l'on entretiendra dans un état d'humidité permanente, afin de garantir les bétons d'une dessication trop rapide : ce qu'il importe de prévenir. Cette terre pourra demeurer étendue pendant un ou deux mois, et jusqu'à ce que le béton qu'elle recouvre ait atteint le degré de consistance nécessaire.

Lorsqu'on aura acquis la certitude que la dernière couche de béton a fait une bonne prise, on enlèvera les terres avec propreté, en lavant et balayant fortement la surface de la terrasse, de manière à ce que le béton soit mis à découvert dans toutes ses parties. Alors, on étendra une couche de mortier composé d'une partie de chaux en pâte, d'une partie de sable fin et d'une partie de ciment; on le lissera fortement à la truelle, de manière à ce qu'il n'y ait ni fentes, ni gerçures. Après que ce mortier aura acquis un certain degré de consistance, on le lissera de nouveau avec un caillou ou un instrument en fer, afin de faire disparaître les crevasses qui auraient pu se manifester par un premier degré de dessiccation des mortiers; on obtiendra aisément que les mortiers ne sèchent pas trop vite, en arrosant légèrement la superficie de cet enduit. On terminera l'opération en passant deux couches au moins d'huile de lin sur toute la superficie de la terrasse, que l'on renouvellera l'année d'après, avant l'hiver.

Ce que je viens de dire concernant les terrasses sur planchers, s'applique également à celles sur voûtes; toutefois, on supprimera pour celles-ci le lit de paille et les recoupes de pierres ou briques concassées.

On peut également en faire l'application à toute espèce de carrellements au rez-de-chaussée, attendu que ce système d'enduits peut remplacer avec avantage toute espèce de pavé en briques ou en dalles de pierre.

La cendrée, provenant de la cuisson de la chaux hydraulique aux fours continus, est excellente, sans l'addition d'aucune autre matière, pour former un ciment propre à la construction des aires des chambres et des terrasses. Pour employer cette matière, il faut d'abord en éteindre 0,70 avec 900 litres d'eau, produisant 1 mètre cube, et la passer ensuite au crible pour en extraire les durillons ou parties mal éteintes. Ainsi éteinte, cette cendrée prend le nom de *mortier de cendrée*, et est rabottée quatre fois en quatre jours au moins pendant deux heures chaque fois. Pour en former du béton, on mêle deux parties de ce mortier avec une de chaux coulée et une de gros sable ayant des parties du volume d'une demi noisette, et purgé de terre. Après avoir suffisamment mélangé ce béton, on l'étend sur l'aire sur une couche de graviers ou cailloux roulés, en lui donnant une épaisseur uniforme de 7 à 8 centimètres, qu'on a le soin de lisser à la truelle. Si l'aire formée est dans une chambre, il faudra fermer les volets et les portes pour éviter une dessication trop rapide; s'il s'agit d'une terrasse en plein air, on devra en recouvrir la surface avec de la paille, toujours dans le même but. Deux jours après la confection de l'aire, on la bat avec une dame plate, deux fois en deux jours, et en même temps on lisse de nouveau à la truelle. Après cette opération, on recouvre toute l'aire d'une nappe d'eau de 3 à 4 centimètres, en versant celle-ci avec soin pour qu'elle ne forme pas de rigoles. Enfin, cette eau étant absorbée au bout de quelques jours, on passe avec un pinceau une couche de vinaigre sur l'aire, en lissant fortement à la truelle. Deux mois après ce glacis aura acquis une grande dureté, et l'aire pourra être mise en service.

TROISIÈME PARTIE.

EXPLICATION DÉTAILLÉE DE QUELQUES OUVRAGES EXÉCUTÉS PAR L'AUTEUR.

Ce que j'ai dit précédemment sur les propriétés des mortiers hydrauliques et bétons pourrait être sujet à contestation, en ce qui concerne les bienfaits qui résultent de leur emploi dans les divers cas d'ouvrages en maçonnerie, si je n'avais pour moi l'autorité de savants ingénieurs qui ont traité cette matière, et si l'expérience n'était venue confirmer des assertions auxquelles on serait peut-être disposé à n'avoir pas une entière confiance. C'est donc pour faire participer le lecteur à cette croyance, que je dois lui communiquer le détail de quelques ouvrages que j'ai fait exécuter en béton ; je lui ferai connaître, sans aucune réserve, les divers procédés dont il a été fait usage ; et je lui ferai part de mes erreurs, là où elles auront été commises, en lui indiquant ce qu'il faudrait faire pour les éviter dans des circonstances analogues.

Un chapitre sera spécialement réservé aux détails de construction du pont de Grisolles.

Enfin, dans un dernier chapitre, j'expliquerai le système de combinaison et de construction du cintre nouveau dont j'ai fait usage.

CHAPITRE PREMIER.

OUVRAGES DIVERS EXÉCUTÉS EN BÉTON.

ARTICLE I.ᵉʳ

TRAVAUX EXÉCUTÉS A GAILLAC (TARN).

A Gaillac, et dans les contrées voisines, on emploie généralement la maçonnerie de briques, à défaut de moellons et de pierres de taille de bonne qualité. Sur les bords de la rivière du Tarn, et dans les côteaux voisins de Gaillac, on trouve de la pierre calcaire, qui fournit de la chaux hydraulique d'une excellente qualité; celle fabriquée à Marssac, non loin de Gaillac, est en grand renom dans le pays : elle acquiert, en peu de temps, une très-grande dureté, soit dans l'eau, soit à l'air libre.

J'étais chargé, en 1832, de la direction des travaux d'un vaste édifice communal que la ville de Gaillac faisait bâtir (1). L'administration municipale accepta avec empressement le projet que je lui soumis de faire exécuter en béton toutes les maçonneries souterraines de cet édifice; car elle avait compris que le succès de cette épreuve serait un grand bienfait pour le pays, au point de vue, surtout, de la construction des caves, si nécessaires dans une contrée dont les vins forment le principal revenu.

Les fondations générales de cet édifice, se développent sur une longueur de plus de 600 mètres; elles ont une profondeur moyenne de 1 mètre 60 centimètres, et une largeur de 75 à 80 centimètres; toutes ces fondations ont été garnies en béton, et, de plus, on a aussi fait en béton la partie du socle de l'édifice élevé à 50 centimètres au-dessus du sol de la place et des rues.

(1) Le plan de cet édifice a été inséré au *Recueil des édifices publics construits en France*, publié par le conseil des bâtiments civils : il porte le n.ᵉ 223.

Les pieds-droits et la voûte de la grande cave située dans l'intérieur du bâtiment, ont également été faits en béton. Les pieds-droits ont une épaisseur de 1 mètre, et une hauteur de 5 mètres 50, à partir du sol des fondations jusques au niveau du rez-de-chaussée. La voûte a une longueur de 18 mètres, et une largeur de 6 mètres, dans œuvre; elle est formée d'une portion d'arc de cercle de 6 mètres de corde ou diamètre, sur 1 mètre de flèche.

Il est inutile, sans doute, d'entrer ici dans les détails de construction des fondations, car il n'y eut autre chose à faire qu'à jeter le béton dans les tranchées et à l'y massiver pour le rendre homogène et compacte ; je me bornerai à dire que ce béton était composé *d'une partie* de chaux éteinte en pâte, *d'une partie et demie* de sable, et de *trois parties* de graviers ou débris de briques.

Mais pour la voûte il fallait plus de soins, soit pour la constitution des bétons, soit pour leur mise en place. Je vais indiquer les procédés suivis pour cette construction.

La cave devant être placée dans un terre-plein, il fallait donc creuser le sol pour en former le vide : j'eus alors l'idée de profiter du terrain pour aligner les parements des murs et pour le cintrement de la voûte. Les tranchées furent creusées parfaitement d'aplomb, surtout du côté intérieur dont le parement devait être mis plus tard à découvert; et, cela fait, on procéda à la mise en place des bétons, jusques à la hauteur des naissances de la voûte. Après cela, on travailla à la formation du cintre, en modelant le terrain entre les deux murs, suivant la courbure à donner à la voûte : la face supérieure fut fortement tassée et lissée pour rendre l'intrados très-uni et sans flaches. On posa ensuite les bétons sur cette forme, en les tassant avec précaution. En construisant cette voûte, on eut le soin de ménager des ouvertures pour éclairer et aérer l'intérieur de la cave, et une autre pour le passage de l'escalier de descente : celle-ci avait une

largeur de 1 mètre 20, sur une longueur de 5 mètres : c'est par-
là que les terres intérieures furent enlevées, quatre mois après
la confection de ce travail, et la voûte demeura suspendue sur
la tête des ouvriers étonnés, mais n'ayant éprouvé aucune crainte
pendant cette opération.

Les bétons de la voûte étaient composés *d'une partie* de chaux
éteinte en pâte, *d'une partie* de sable, et de *deux parties* de graviers, dont la grosseur n'excédait pas celle d'une grosse noix. Ces
matières étaient préparées et manipulées, à l'aide de pilons, sur
une aire carrelée recouverte d'une toiture. La chaux hydraulique
était éteinte par le procédé ordinaire dans des bassins imperméables.

Ce travail était terminé depuis long-temps, lorsque M. le
maire de Gaillac désigna une commission de cinq membres, pour
lui faire un rapport à ce sujet. Dans son rapport, en date du 17
septembre 1834, cette commission est entrée dans de longs développements sur les détails de cette construction ; et pour ce qui
est relatif à l'utilité de cette espèce de maçonnerie, elle s'est
exprimée ainsi : « ..... Nous reconnaissons deux avantages dans
l'emploi de ce mélange.

« Le premier, c'est l'économie : car un mètre cube de maçonnerie de briques, seule en usage dans nos contrées pour les bâtisses
solides, ressort au prix de 16 à 17 francs, tandis que le mètre
cube de béton, mis en place, n'a coûté que 7 francs.

« Le deuxième, c'est que les maçonneries hors de terre n'ont
plus à craindre d'être attaquées par le salpètre que développe
l'humidité venant des fondations : salpètre qui ronge les briques,
détériore les façades, et compromet parfois la solidité d'un édifice. »

Vers la même époque, et sur ma demande, M. le préfet du
Tarn nomma, par son arrêté du 27 septembre, une nouvelle
commission, formée, en partie, de personnes compétentes, entre
autres l'ingénieur ordinaire de l'arrondissement et l'architecte

du département. Les membres de cette commission s'exprimè-
rent ainsi dans leur rapport, en date du 16 octobre 1834 :
« .... Ils ont reconnu devant M. Lebrun, architecte du bâtiment en construction, que les maçonneries présentaient toutes
les garanties de solidité nécessaires.

« Le seul moellon qu'il soit possible d'employer à Gaillac,
étant de mauvaise qualité, on n'emploie pour les voûtes de tous
les bâtiments de la ville que la maçonnerie de briques. Cette
maçonnerie coûte de 16 à 17 francs le mètre cube : le béton
que l'on a employé pour la voûte, ne revenant qu'à 7 francs le
mètre cube, il y a une grande économie. Comme, d'ailleurs, la
solidité y est jointe, on ne peut qu'applaudir à la préférence que
l'on a donné au béton pour les constructions précitées. »

La solidité de ces ouvrages ne s'est pas un seul instant dé-
mentie depuis la construction, qui date aujourd'hui de plus de
neuf années ; elle ne peut maintenant que s'accroître, parce que
telle est la propriété du béton, dont le durcissement est toujours
progressif. Et le fait de l'imperméabilité du béton a été parfaitement reconnu, puisque l'on ne remarque nulle part, au rez-de-
chaussée, le moindre indice d'humidité surgissant des fondations,
ainsi que cela est apparent partout où les maçonneries sont faites
en briques.

Il est inutile de mentionner ici les détails de préparation, de
combinaison et de manipulation des bétons : tout a été fait suivant les principes et les procédés dont j'ai déjà indiqué l'usage.

ARTICLE II.

CONSTRUCTION DE DEUX PONTS EN BÉTON.

Dans le département de Tarn-et-Garonne, et non loin de la
ville de Montauban, j'ai fait bâtir deux ponts, à-peu-près d'une
égale dimension, dont toutes les maçonneries sont en béton :
l'un est situé sur le ruisseau Dagram, dans la commune de

Villemade; l'autre, près de la ville de Castelsarrasin. Je vais parler de ces deux ouvrages.

§. 1.ᵉʳ *Pont dans la commune de Villemade.*

Le 12 Mars 1835, M. le Préfet de Tarn-et-Garonne m'écrivait ce qui suit : « — L'ouvrage que vous avez publié sur l'emploi du béton, m'a donné l'idée de faire construire un ponceau, d'après ce procédé, sur le ruisseau Dagram qui forme la limite des communes de Villemade et de Piquecos.

« Comme cet essai ne saurait vous être indifférent, j'ai pensé, Monsieur, qu'il vous serait agréable de donner vos soins à cette construction qui, plus tard, pourra servir de modèle à des constructions du même genre. Je viens, en conséquence, vous prier, d'abord, de rédiger le projet des travaux, et, ensuite, d'en surveiller l'exécution. »

Par suite de cette invitation, je dressai le projet de cette construction, et je proposai de bâtir ce pont tout en béton, à l'exception des angles des culées et des têtes de la voûte, pour lesquels j'indiquai la maçonnerie de briques. Ce pont devait avoir 4 mètres d'ouverture entre les culées, et 4 mètres de largeur entre les têtes de la voûte : la voûte était projetée en portion d'arc de cercle de 2ᵐ 50ᶜ de rayon sur 1 mètre de flèche; son épaisseur à la clef devait être de 0ᵐ 60ᶜ, arrasée, sur les reins, au niveau de l'intrados.

Les formalités exigées pour la perception des fonds destinés à solder les dépenses de cette construction ayant retardé l'époque de la mise en œuvre, les travaux ne purent être commencés que dans les premiers jours de septembre : et de ce retard il en advint quelques accidents, que je signalerai, pour servir d'avertissement dans des cas analogues.

Dans les prévisions du détail estimatif, le prix du béton, mis en place, était fixé à 9 fr. 65 cent. : mais, par des circonstances particulières, produites par de grandes pluies survenues à cette époque, ce prix s'éleva à 12 fr. environ le mètre cube. Le béton était composé *d'une partie* de chaux hydraulique éteinte en pâte, *d'une partie et demie* de sable, et de *deux parties et demie* de graviers. Ces matières étaient préparées et manipulées suivant les procédés que j'ai déjà indiqués, et le béton était immédiatement mis à sa place, où il était de nouveau pilonné et massivé.

J'ai dit qu'un accident était survenu à ces maçonneries : je vais en faire part. Les travaux du pont étaient à peine terminés le 29 octobre, que les maçonneries furent tout-à-coup surprises, au moment où elles étaient encore fraîches, par de fortes gelées, qui agirent d'une manière funeste sur les parements des culées, au-dessous de la voûte, seulement jusqu'aux naissances L'action de cohésion des bétons fut, dans cette partie, subitement interrompue, et la congélation s'étendit jusques à environ dix centimètres de profondeur dans le massif. Cette circonstance inattendue me força à suspendre la confection du pont, et à laisser le cintre en place jusqu'au printemps de l'année suivante.

A la reprise des travaux, vers le mois de mai 1836, le cintre de la voûte fut enlevé, avant même la restauration des culées, et les dégradations furent après cela réparées au moyen d'un mince parement en briques. La voûte n'avait éprouvé aucune altération; elle était parfaitement unie sans la plus mince fissure; les parements des têtes, ni ceux des faces extérieures des culées, n'avaient souffert aucune dégradation. Cette construction, qui date de plus de sept années, est toujours dans un très-bon état.

L'accident que je viens de signaler n'aurait certainement pas eu lieu, si les travaux avaient été commencés plus tôt, et si les bétons avaient eu fait prise avant les gelées. Je l'ai déjà dit, et je le répéterai peut-être encore, les parements en béton doivent être confectionnés avant la fin de septembre; il serait peut-être dangereux de les continuer après cette époque, dans la crainte de l'inconvénient dont je viens de parler. Pour les massifs ou les ouvrages placés à l'abri des gelées, on peut, au contraire, bâtir en toute saison, pourvu que la congélation n'ait pas lieu pendant la manipulation des mortiers ou au moment de leur emploi.

Les parements des culées ont été formés au moyen d'un encaissement en planches, et la voûte a été bâtie sur un cintre en charpente.

§. 2. *Pont à Castelsarrasin.*

Au bas de la ville de Castelsarrasin, côté du couchant, coule un ruisseau appelé le Lazin, sur lequel était placé un pont en maçonnerie de briques, qui fut entièrement démoli par l'inondation de la Garonne, en 1835. Je fus consulté pour la reconstruction de ce pont, et je proposai de le bâtir tout entier en maçonnerie de béton.

Le devis de cette construction, dans lequel le prix du mètre cube de béton était fixé à 10 fr. 07 cent., fut adjugé au rabais de 10 fr. 67 cent. pour cent. La maçonnerie de briques, seule en usage dans ces contrées, revient au prix de 18 fr. le mètre cube.

Les fouilles des fondations étant terminées le 20 août 1836, on procéda de suite à la pose des bétons : le 25 septembre, toutes les maçonneries étaient exécutées, en 35 journées de travail effectif. Le 13 octobre suivant, le cintre en charpente de la voûte était enlevé : 18 jours après la confection des maçonneries. Enfin, un mois après l'enlèvement du cintre, le pont était livré au passage public.

Si l'on considère avec quelle célérité ce pont a été confectionné et livré au passage des charrettes, on aura une nouvelle preuve des avantages que procure le béton pour ce genre de construction : avantage non moins appréciable sous le rapport de l'économie, puisque la dépense de cet ouvrage ne s'est élevée qu'à la somme de 3,000 fr., tandis qu'elle eût été de plus de 5,000 fr., si l'on eût employé les matériaux en usage dans le pays.

Les faits que je viens de rapporter se trouvent attestés dans une déclaration de M. le maire de la ville de Castelsarrasin, dans laquelle on lit les passages suivants « .... Les maçonneries générales employées à la construction d'un pont sur le ruisseau le Lazin, dans la commune de Castelsarrasin, ont été faites *toutes en béton,* tant pour le radier général que pour les culées et la voûte dudit pont ; les arêtes seulement sont en maçonnerie de briques. Nous certifions encore que le prix de la maçonnerie de béton n'était porté qu'à 10 fr. 07 c. le mètre cube : sur lequel prix l'adjudicataire avait fait un rabais de 10 fr. 67 c. pour cent ; et que la maçonnerie de briques, seule en usage dans ces contrées, revient ordinairement au prix de 18 fr. par mètre cube.

« Les travaux de ce pont, dirigés par M. Lebrun, architecte à Montauban, se maintiennent dans un très-bon état.

« Le passage sur le pont est livré au public depuis le mois de novembre 1836, un mois après l'enlèvement du cintre ; et rien n'annonce que, malgré le passage de charrettes fortement chargées qui circulent journellement, la voûte de ce pont ait eu à éprouver le moindre accident. »

Les dimensions principales de ce pont sont de 4 mètres d'ouverture, et 8 mètres de longueur entre les têtes. La voûte est en portion d'arc de cercle, de 2 mètres 50 centimètres de rayon ; son épaisseur, de 60 centimètres à la clef.

Les bétons étaient composés *d'une partie* de chaux hydraulique en pâte, *d'une partie et demie* de sable, et de *deux parties et demie* de graviers : le tout mélangé sur une aire carrelée, a l'aide des pilons. La chaux était éteinte dans des bassins, suivant le procédé ordinaire.

ARTICLE III.

CONSTRUCTION EN BETON DE DEUX MAISONS D'ECOLE.

Antérieurement à la construction des ponts dont je viens de parler, j'avais été chargé de la direction des ouvrages de deux maisons d'école, pour les communes de Saint-Aignan et de Castelferrus, non loin de Castelsarrasin, sur la rive gauche de la Garonne; et je n'avais pas hésité à proposer l'emploi du béton pour toutes les maçonneries.

La *maison d'école de Saint-Aignan* est formée d'un étage souterrain et d'un rez-de-chaussée, comprenant la salle des élèves et le logement de l'instituteur.

Les murs de cette maison sont bâtis en béton, à l'exception des angles, et des jambages ou pieds-droits des portes et fenêtres, qui ont été faits en briques. Pour la construction des murs on employait des encaissements en planches ou banches, dans lesquels le béton était pilonné. L'étage souterrain est voûté aussi en béton, et la voûte a été construite sur un cintre en charpente.

Le béton employé à cette construction a été composé *d'une partie* de chaux éteinte, *d'une partie et demie* de sable, et de *trois parties* de graviers : ces matières étaient amalgamées sur une aire carrelée. Le prix du mètre cube de béton n'est revenu, mis en place, qu'à 6 francs 50 centimes; le peu de maçonnerie de briques qui a été employée a été payée à l'entrepreneur au prix de 19 francs 15 centimes le mètre cube. Somme toute, l'entière construction de la maison s'est élevée au prix de 3,086 francs 70 centimes : elle eût coûté 5,250 francs, si on eût exclusivement employé la maçonnerie de briques, seule en usage dans ces contrées.

M. l'ingénieur en chef Abrial, fut chargé par M. le préfet de lui rendre compte du résultat de ce travail; il s'exprimait ainsi dans son rapport, en date du 1er octobre 1834 :

« Conformément à votre invitation, j'ai profité d'une tournée dans l'arrondissement de l'Ouest, pour visiter les *constructions en béton* que M. Lebrun, architecte à Montauban, fait exécuter à Saint-Aignan et à Castelferrus; ces bâtiments sont destinés à servir d'école primaire dans ces communes.

« L'école de Saint-Aignan, dont nous avons pris les dimensions, a extérieurement 14 mètres 10 centimètres de longueur,
7 mètres de largeur; sa hauteur est de 4 mètres, mesurée du dessus des fondations au-dessus de la corniche. Un mur de refend
divise l'espace intérieur en deux pièces, dont l'une a 7 mètres 60
centimètres, et l'autre 5 mètres de longueur.

« Cette maison est terminée; elle est couverte par un toit en
tuiles, supporté par une charpente ordinaire.

« L'examen le plus attentif n'a pu me faire découvrir la
moindre fissure dans les murs, qui ont conservé l'aplomb le plus
exact.

« Ce qu'on trouve de plus remarquable à Saint-Aignan, c'est
une voûte de cave en béton. Sa longueur est de 6 mètres, son
ouverture de 3 mètres 10 centimètres; elle est à-peu-près en
plein cintre, n'ayant que 20 centimètres d'épaisseur à la clef.
Dans cette voûte, comme dans le reste du bâtiment, nous n'a-
vons pu découvrir aucune trace de mouvement dans les maçonneries.

« La maison de Castelferrus était en construction ; il est
inutile d'en donner les dimensions. Notre attention s'est portée
principalement sur les matières employées et les procédés suivis.

« La chaux hydraulique dont on faisait usage, venait des
fours de Labourgade; le sable et le caillou, du lit de la Garonne.

« On suivait pour l'extinction de la chaux, la confection des
mortiers, et la manipulation du béton, les meilleurs procédés.
M. Lebrun en a puisé les principes dans les ouvrages de M.
l'ingénieur en chef Vicat, dont les découvertes ont rendu de si
grands services à l'art des constructions. Ceux que M. Lebrun aura
rendus, en popularisant l'emploi du béton, sont dignes de fixer
l'attention de l'administration ; il aura le mérite d'avoir fait connaître et répandu dans le département une méthode économique,
qui trouvera dans un grand nombre de localités un emploi utile
dans les constructions communales et dans les constructions ru-

rales : et ce service doit lui valoir la bienveillance et les encouragements de l'administration. »

La *maison d'école de Castelferrus*, dont il est question dans le rapport qui précède, ne fut terminée qu'en décembre 1835. Elle se compose d'un rez-de-chaussée et d'un premier étage, dans lesquels sont distribués la salle d'école, le logement de l'instituteur et le local de la mairie ; son élévation totale est de 7 mètres 50 centimètres, à partir du sol jusques au-dessus de la corniche. Les murs extérieurs ont une épaisseur de 55 centimètres.

Tous les murs de cette construction sont faits en béton, à l'exception des angles et des jambages des portes et fenêtres, qui sont en maçonnerie de briques ; ils ont été bâtis au moyen d'encaissements ou banches. Les bétons étaient composés *d'une partie* de chaux hydraulique en pâte, *d'une partie et demie* de sable, et de *deux parties et demie* de graviers : le tout convenablement manipulé sur une aire carrelée ; la chaux était éteinte par le procédé ordinaire dans des bassins imperméables.

M. le maire de Castelferrus a jugé convenable de constater le succès de ce travail ; il a éclaré que « .... La maison d'école et mairie, composée de plusieurs pièces au rez-de-chaussée et premier étage, construite dans cette commune, a été bâtie en maçonnerie de *béton,* pour les murs en général, sur toute leur élévation, à l'exception des angles et des jambages des ouvertures, qui sont en maçonnerie de briques.

« Les travaux susdits ont été ordonnés et dirigés par M. Lebrun, architecte à Montauban.

« La maçonnerie de *béton,* employée aux murs, était payée à l'entrepreneur au prix de 8 francs 80 centimes le mètre cube ; celle de briques, à raison de 17 francs 50 centimes aussi le mètre cube. Cette dernière maçonnerie est ordinairement en usage dans ces contrées pour les constructions de toute espèce.

« Les travaux du bâtiment sont terminés depuis le mois de décembre 1835 : leur solidité nous paraît assurée.

« En outre de l'économie que procure la maçonnerie de béton sur celles de briques, nous nous plaisons à reconnaître à la première l'avantage de la salubrité du rez-de-chaussée, en ce que l'humidité qui surgit ordinairement des fondations, n'est nullement apparente dans les murs de cette espèce : tandis que, au contraire, dans les murs en briques, comme on les bâtit dans nos contrées, cette humidité gagne les briques de proche en proche, jusqu'à une grande élévation, et rend malsaines les habitations des bas étages. »

Il est inutile de parler ici des procédés qui ont été suivis pour la préparation, la manipulation et la mise en place des bétons; on a mis en pratique pour ces ouvrages, comme pour tous ceux exécutés sans ma direction, les procédés dont j'ai indiqué l'usage dans la première partie. Je ne ferais donc que répéter ce que j'ai déjà dit.

ARTICLE IV.

CONSTRUCTION D'UN TEMPLE PROTESTANT DANS LA COMMUNE DE CORBARIEU (TARN-ET-GARONNE).

Le rapport de plusieurs savants ingénieurs, dans leurs ouvrages sur les mortiers hydrauliques et bétons, et l'expérience que j'avais moi-même acquise sur leurs propriétés, par divers travaux que j'avais fait exécuter, m'enhardissaient de plus en plus et m'encourageaient à étendre l'usage du béton à toute espèce d'ouvrages.

Ainsi, après avoir résolu avec succès la question de son emploi dans la construction des murs de bâtiments et des voûtes de ponts, il me restait à en faire l'application à des voûtes d'un autre genre: celles servant de couverture à des édifices.

Une occasion favorable se présentait, et je devais en profiter : il s'agissait de la construction d'un temple protestant dans la commune de Corbarieu, département de Tarn-et-Garonne.

M. le préfet, qui connaissait mes projets à cet égard, voulut bien me charger de la direction de ces travaux; et comme la commune de Corbarieu ne possédait pas des ressources suffisantes pour fournir aux frais de cette construction, ce magistrat sollicita un secours de M. le ministre de la justice et des cultes, qui accorda une somme de 4,000 francs, à titre de subvention, à cette commune.

Quelque grande que fut ma confiance dans la bonté du béton, je me mis cependant à réfléchir sur les suites de mon épreuve, en cas d'insuccès, à raison de la responsabilité qui pèse sur la qualité d'architecte : et c'est alors que je voulais faire précéder mon travail de quelques expériences sur le degré de cohésion et de résistance des voûtes de ce genre, faites en béton. Je m'adressai pour cela au conseil-général de Tarn-et-Garonne, à l'effet d'obtenir des fonds pour me livrer à ces expériences, dont les résultats devaient être à l'avantage de la chose publique. Dans sa session de 1835, ce conseil prit la délibération suivante :

« Monsieur le préfet a, dans son rapport, parlé de l'introduction, dans le département, de l'emploi du béton dans diverses constructions. Il verrait avec plaisir, sans toutefois faire de proposition spéciale à cet égard, que M. Lebrun, architecte à Montauban, qui poursuit, avec une rare persistance, toutes les occasions de répandre un système dont les Romains surent tirer un si grand parti, fût mis à même, par une allocation au budget départemental d'une somme de 4,000 francs, de se livrer, sous les yeux d'une commission, à des expériences comparatives propres à déterminer jusqu'à quelle pression on peut compter sur sa solidité dans les divers emplois qu'on en peut faire.

« Il a été de nouveau donné lecture de l'article pour le béton porté au procès-verbal de la session du conseil d'arrondissement de Castelsarrasin.

« Le conseil ayant connaissance des divers essais qu'ont fait dans le département, soit les communes en bâtissant des maisons d'école, soit les particuliers en bâtissant des maisons;

considérant que les expériences pour lesquelles on demande des fonds, se trouvent faites au moyen d'un pont que les communes de Villemade et de Piquecos sont à la veille de faire construire sur le ruisseau de Dagram, et de la construction d'un temple à Corbarieu, sous la direction et d'après les dessins de M. Lebrun, refuse l'allocation demandée. Cependant, il vote des remerciements à cet architecte distingué, pour le service qu'il rend au pays, par son zèle à rendre populaire un système de construction qui semble offrir des conditions de solidité, et surtout d'économie. »

Ma demande fut donc rejetée; et cela, parce que, disait-on, les expériences pour lesquelles je demandais des fonds se trouvaient faites au moyen de certains travaux dont l'exécution allait avoir lieu : voilà qui n'est pas très-logique. Pourquoi dire, en effet, que des expériences sont faites, et annoncer en même temps qu'elles ne sont pas encore commencées?

Ce refus dut refroidir mon zèle sur les suites à donner à mon projet : j'en conférai avec qui de droit, et je reçus l'assurance formelle, mais verbale (1), qu'en cas de mésaventure il serait pourvu à la réparation de mes erreurs. Ces allégations sont parfaitement corroborées par les dates : le projet avait été dressé le 20 mars 1835, et il ne fut approuvé par M. le Préfet que le 27 septembre suivant : la session du conseil-général avait eu lieu dans cet intervalle. On appréciera plus tard le motif qui m'a engagé à fournir ces explications.

Le plan du temple de Corbarieu, tel qu'il a été bâti, a la forme d'un parallélogramme de 17 mètres 60 centimètres de longueur, sur 8 mètres de largeur dans œuvre; sur l'une des faces longitudinales est appuyée la sacristie, ayant 4 mètres 40 centimètres de longueur, sur 2 mètres 85 centimètres de largeur, aussi dans

____

(1) J'ai appris plus tard, mais trop tard, que l'on ne devait pas compter sur des assurances verbales.

œuvre. Les murs du temple ont une épaisseur de 70 centimètres, et une élévation totale de 9 mètres 45 centimètres ; ceux de la sacristie, une élévation de 4 mètres, sur une épaisseur de 60 centimètres. Tous ces murs ont été faits en béton sur toute leur hauteur, à l'exception des encadrements des ouvertures, que l'on a bâtis en maçonnerie de briques.

Toute l'étendue du temple était recouverte d'une voûte en béton décrite en plein cintre, dont les naissances étaient à 6 mètres de hauteur au-dessus du sol ; elle avait une épaisseur de 25 centimètres à la clef, ou sommet de la voûte : ce qui faisait alors que ce sommet était à 10 mètres de hauteur au-dessus du pavé du temple. Cette voûte n'existe plus ; j'expliquerai ensuite les motifs qui ont obligé à la démolir. La voûte de la sacristie existe encore : elle est à-peu-près en plein cintre, sur 4 mètres 40 centimètres d'ouverture, et 15 centimètres d'épaisseur à la clef ; cette voûte est toute en béton, ainsi que les murs sur lesquels elle repose.

Les bétons des murs et des voûtes étaient composés *d'une partie* de chaux hydraulique en pâte, *d'une partie et demie* de sable, et *de deux parties et demie* de graviers : soit 0,26 de chaux, 0,39 de sable, et 0,65 de graviers. Le prix de cette maçonnerie était fixé au devis à 9 fr. 97 cent. le mètre cube. Le montant total des ouvrages indiqués au devis s'élevait, tout compris, à la somme de 9,000 fr. ; il eût dû être de 14,400 fr. en employant la maçonnerie de briques, seule en usage dans ces contrées.

Les travaux, adjugés sur un rabais de 6,75 pour cent, furent commencés dans les premiers mois de 1836, et continués ensuite sans interruption. Les murs étaient bâtis au moyen de banches ou encaissements en planches, dans lesquels on déposait et massivait le béton par petites couches : ils furent ainsi élevés jusqu'à la hauteur de 6 mètres, où devaient se trouver les naissances de la voûte. Parvenus à ce point, on dut s'occuper de la pose du cintre en charpente. Ce cintre était composé de quatre fermes

principales, ayant entraits, arbaletriers, poinçons et contrefiches ; les entraits étaient simplement engagés dans les murs,
sans en comprendre toute l'épaisseur. Tout le long des murs, et
sur ces entraits, étaient placées des sablières sur lesquelles ve-
naient se reposer les hémicycles en planches doubles, que soute-
naient en même temps des pannes posées sur les poinçons et vers
le milieu des arbaletiers ; enfin, le dessus de ces hémicycles était
recouvert de couchis en planches jointives, qui formaient une
courbe parfaitement correcte.

Les choses en cet état, on reprit la construction en béton,
suspendue pendant une quinzaine de jours environ, et les murs
furent élevés jusqu'à la hauteur du cordon, pendant que l'on
garnissait en même temps la partie correspondante de la voûte à
la même hauteur : ce qui faisait que les deux côtés de la voûte
étaient élevés sur toute la longueur, jusqu'au quart à-peu-près
du demi-développement de l'arc. Cela fait, la construction sur le
cintre fut continuée en commençant à l'une des extrémités du
temple, et la voûte était élevée au fur et à mesure que l'on avançait vers l'autre bout. Mais à peine la moitié de la voûte était
terminée, que l'on s'aperçut qu'une mince fissure se manifestait
au mur latéral du fond ; je l'examinai, et je n'y attachai que
peu d'importance, parce que la voûte n'appuyait pas sur ce mur :
et c'est cela qui me donna à penser que cette légère crevasse pouvait provenir d'un léger tassement du sol, qui, quoique solide,
pouvait bien ne pas être tout-à-fait incompressible. Cependant
la construction de la voûte était toujours continuée, et elle était
à peine terminée, que d'autres lézardes apparurent au mur de
face parallèlement opposé à celui dont je viens de parler. Aucun
accident ne se manifestait encore aux murs longitudinaux qui
supportaient la voûte : ils étaient parfaitement d'aplomb. J'étais
loin de penser que les maçonneries de la voûte pouvaient exercer
une poussée sur les pieds-droits, car les cintres étaient encore en
place, et aucune fissure n'apparaissait à l'extrados sur les reins,

ainsi que cela aurait dû être. Toutes les maçonneries de la voûte étaient terminées le 23 juillet 1836 ; le 14 septembre, je fis procéder à l'enlèvement du cintre en charpente : et c'est alors que, l'intrados étant mis à découvert, je pus remarquer au sommet une légère fissure, qui suivait, en ligne presque droite, toute la longueur de la voûte. Dès ce moment, plus de doute, une forte poussée chassait les murs en dehors; cet effort fut livré à toute sa puissance à partir du jour de l'enlèvement du cintre ; les lézardes déjà ouvertes s'agrandirent, et d'autres se formèrent aux murs longitudinaux, qui perdirent de leur aplomb, mais d'une manière peu sensible.

A raison de ces accidents, la confection du temple fut suspendue ; vers les premiers jours de 1837, ils avaient acquis un tel degré de gravité qu'il fut décidé que la voûte en béton serait démolie : cette opération, commencée le 7 mars, fut terminée le 19 du même mois : il fallut du temps pour l'exécution de ce travail, à cause des précautions qu'il était essentiel de prendre pour ne pas compromettre la vie des ouvriers. Après la démolition de la voûte il se passa un fait assez remarquable : les lézardes formées par l'écartement des murs se rebouchèrent d'une manière sensible, et les murs longitudinaux reprirent leur aplomb. La voûte fût aussitôt remplacée par une toiture ordinaire en charpente, recouverte de tuiles-canals.

La voûte de la sacristie n'a souffert aucune avarie; elle existe encore, et est très-solide.

Je vais tâcher d'expliquer la cause des accidents qui ont eu lieu à la grande voûte du temple, et d'indiquer quelles précautions il eût fallu prendre pour les éviter.

Rappelons tout d'abord ce que j'ai déjà dit : les lézardes des murs latéraux se manifestèrent alors que la construction de la voûte était à peine commencée ; celles des murs longitudinaux apparurent dès que cette voûte fut terminée, les cintres étant encore en place. Or, pouvait-on admettre que les maçonneries de la voûte exerceraient de poussée sur les pieds-droits, avant l'enlèvement de ces cintres? cela n'était pas présumable. C'est cependant ce qui eut lieu ; mais de quelle manière? Le voici. Les bétons encore frais étaient déposés sur le cintre, et, à raison de cet état, ils tendaient à glisser sur la pente très-rapide de la courbe, et se reportaient de tout leur poids, à l'effet de poussée, vers la naissance de la voûte. Cette puissance était très-considérable, surtout sur les reins où le massif de béton avait une épaisseur de plus de deux mètres, et agissait avec une force relative à l'inclinaison du plan ; c'est ce qui explique l'apparition des lézardes dès le commencement des travaux de la voûte. Mais la voûte étant terminée, l'action devenait toute puissante, les lézardes devaient s'agrandir, et d'autres devaient se produire dans les murs d'appui. Dès-lors, le système de cohésion et de l'homogénéité du béton se trouvait rompu, et il ne restait plus d'espoir de conserver la voûte : c'est ce qui en détermina la démolition.

Qu'eût-il donc fallu faire pour se mettre à l'abri des inconvénients que je viens de signaler? Il eût suffi, avant de commencer la pose des bétons de la voûte, de placer, à chaque bout des entraits des fermes principales du cintre, des clefs en fer fortement appliquées contre les faces extérieures des murs longitudinaux : de telle sorte que ces entraits auraient fait l'office de tirants qui eussent empéché de l'écartement des murs pendant la construction. De cette manière, les bétons auraient eu le temps d'acquérir toute leur consistance en toute liberté, et lorsque le moment du décintrement fût venu, la voûte serait demeurée ferme et solide comme un seul roc sur ses points d'appui, qui n'avaient alors qu'à résister aux efforts d'une pression verticale. L'expérience a démontré, pour ces mêmes travaux, que les bétons avaient parfaitement résisté à cette pression.

L'explication de ces accidents et des précautions qu'il eût fallu prendre pour les éviter, pourra être utile dans le cas de constructions analogues. A cette condition, je n'hésiterais pas, pour ma part, à recommencer la même opération, persuadé que j'en obtiendrais un plein succès.

Si mon travail eût été précédé de quelques essais pour lesquels j'avais demandé des fonds; et si j'avais eu moins de confiance dans certaines promesses qui m'avaient été faites, je me serais trouvé à l'abri d'une foule d'inconvénients ruineux qui sont venus m'assaillir; je le dis à la honte de ceux qui me flattaient et m'encourageaient dès le principe, et qui n'ont fait faute de poursuites acharnées au premier indice d'insuccès. .

ARTICLE V.

TRAVAUX DIVERS.

J'ai déjà dit que la maçonnerie de béton était d'un emploi très-utile dans les fondations quelconques; mais c'est surtout dans le cas où le sol inférieur ne serait pas absolument incompressible, que son usage pourra être avantageux, à raison de la propriété du béton de ne former, au bout d'un certain temps, qu'une seule masse liée, compacte, et semblable à un roc.

J'ai eu l'occasion de faire usage du béton dans des cas difficiles de ce genre, et j'en ai obtenu de très-bons résultats. A Gaillac, j'en ai conseillé l'emploi dans une partie des fondations du bâtiment de l'ancienne abbaye appartenant à M. de Lacombe, député, et le succès a complètement répondu à mon attente. Il s'agissait de bâtir un mur de face de près de 18 mètres d'élévation sur un sol en partie très-compressible; les fondations furent garnies en béton sur une épaisseur de plus de 2 mètres et une largeur de 1 mètre; et depuis la construction du mur, qui date de près de six années, il n'y a pas eu la moindre apparence d'un tassement quelconque.

L'application qui en a été faite à Montauban est non moins décisive que la précédente. M. Rigail de Lastours, propriétaire d'une maison faisant face au plateau du Moustier, voulait établir

un balcon avec colonnes et plate-forme en pierres de taille, semblable, pour la forme, à celui d'une autre maison de l'autre côté
de la rue, et donnant sur la même place; mais ce propriétaire
était arrêté par la perspective d'une dépense considérable, occasionnée par l'établissement des fondations; car il avait en mémoire que le balcon qu'il voulait imiter chez lui, avait été fondé
sur pilotis et à grands frais, attendu qu'à cette place étaient autrefois les fossés de la ville, et que le terrain solide ne peut se
trouver qu'à une grande profondeur. Je proposai donc l'usage
du béton : ce qui fut accepté. On déblaya une tranchée de 1
mètre de largeur sur 2 mètres de profondeur dans le pourtour de la base des colonnes; cette tranchée fut ensuite garnie
en béton, et bientôt après le balcon fut terminé tel qu'on le voit
aujourd'hui. Si l'on considère que le sol sur lequel repose le béton
est un terrain de remblai, et que cette construction, dont le
poids est très-considérable, n'a pas éprouvé le plus léger tassement, quoiqu'elle date aujourd'hui de plus de six années, on reconnaîtra sans peine de quel bon secours peut être cette espèce
de maçonnerie pour des cas analogues.

La ville de Mas-Grenier (Tarn-et-Garonne) avait à faire
construire un mur de soutènement dans une position difficile où
viennent aboutir les eaux des rues pour couler sur la berge rapide qu'elles ravinent profondément sur leur passage. Plusieurs
fois des murs avaient été construits à cette même place, et ils
avaient été successivement détruits. J'ai fait bâtir ce mur tout
entier en béton, et son apparence même ne laisse aucun doute
sur sa solidité. Sa longueur, au sommet, est de *douze mètres;* sa
hauteur, de *sept mètres* environ; et son épaisseur moyenne a été
réduite à *un mètre cinquante centimètres,* parce que le terrain
contre lequel ce mur est appuyé, est solide et n'exerce plus de
poussée. Aujourd'hui ce mur ne forme qu'une masse entière in-
divisible, et qui, pour être détruite, devrait être renversée en
une seule pièce : ce qui est pour ainsi dire impossible.

Je vais parler maintenant d'un autre genre d'ouvrages dont la démonstration pourrait être utile pour le cas d'emploi du béton dans la construction des voûtes de casemates des places de guerre.

Un riche propriétaire de Montauban, M. de Rapin-Thoiras, possède une maison dont la face postérieure est à l'aspect d'un lieu appelé le ruisseau Lagarrigue ; de ce côté se trouve un jardin dont le niveau est plus élevé de quatre mètres que le sol du chemin. Ce propriétaire eut l'idée d'utiliser le terre-plein d'une partie de ce jardin, en le déblayant jusqu'au niveau du chemin, et de construire des voûtes dont le dessous servirait pour magasins, tandis que le dessus serait conservé en terrasse. Il me fit part de ses projets à cet égard, en me chargeant de la direction de ce travail, dont je vais décrire, en peu de mots, la forme et les dimensions.

Après l'enlèvement des terres, l'emplacement fut divisé en deux parties ou deux magasins, ayant chacune une longueur de 7 mètres sur une largeur de 5 mètres 65 centimètres dans œuvre ; les fondations des murs furent tracées en-dehors de ces dimensions. Les tranchées de ces fondations ont été garnies en béton jusqu'au niveau du sol des magasins, et aussitôt après on bâtit les murs jusqu'a 2 mètres 30 centimètres de hauteur, où se trouvent les naissances des deux voûtes séparées par un mur de 80 centimètres d'épaisseur ; toutes les maçonneries de ces murs sont en béton, à l'exception des parements, qui sont de briques. Les voûtes sont aussi faites en béton ; elles ont une épaisseur de 25 centimètres à la clef, arrasées sur les reins au niveau des intrados. Pour la construction de ces voûtes, on n'a pas employé de cintres en charpente : on s'est servi du mode de cintrement en briques, dont je parlerai au chapitre troisième ; mais les briques à triple assise n'ont pas été enlevées : elles sont demeurées en place comme supplément d'épaisseur à la voûte, qui alors se trouve être de 40 centimètres au sommet. La forme des voûtes est en portion d'arc de cercle de 5 mètres 65 centimètres de corde, sur 1 mètre 60 centimètres de flèche. Ces voûtes sont chargées d'une épaisseur de 1 mètre de terre qui sert à la culture d'un jardin.

Ces travaux, terminés depuis plus d'une année, sont d'une solidité parfaite, et les voûtes ne laissent pénétrer aucune infiltration; mais il faut dire, toutefois, que l'on a placé à l'extrados des voûtes, sur les reins, des cailloux à sec, qui permettent l'écoulement des eaux provenant du suintement des terres, et se versent sur le chemin au moyen de barbacanes.

J'ai pensé qu'il était inutile de donner ici le détail des procédés suivis pour cette construction : car je n'aurais fait que répéter ce que j'ai déjà dit en parlant des constructions de ce genre.

CHAPITRE DEUXIÈME.

CONSTRUCTION DU PONT DE GRISOLLES, SUR LE CANAL LATÉRAL A LA GARONNE.

DÉTAILS PRÉLIMINAIRES.

Le succès que j'avais obtenu dans la construction des deux petits ponts et de voûtes souterraines, dont j'ai déjà parlé, m'avait confirmé dans l'idée que le *béton* pouvait également servir à la construction des grandes voûtes. Plusieurs constructeurs avaient affirmé, dans leurs écrits, que des voûtes, ainsi faites, seraient tout aussi solides que si l'on eût employé d'autres matériaux de la meilleure qualité, et que l'on y gagnerait sous le rapport de l'économie, de la facilité de l'exécution et de la solidité des ouvrages : mais aucun d'eux n'est venu nous apprendre que des construction de ce genre aient été entreprises pour les grandes voûtes des ponts.

La théorie, cette bonne mère qui engendre tant de prodiges en fait de construction, n'indique rien, que je sache, qui soit

relatif à l'usage du béton. Il faut donc s'en tenir aux règles pres-
crites pour les ouvrages faits en matériaux ordinaires, quant aux
dimensions principales des maçonneries, en attendant que l'expérience et une longue pratique aient déterminé les modifications
dont sont susceptibles les constructions faites en béton.

J'étais bien déterminé à tenter la construction d'une voûte plus
grande que d'autres qui avaient été faites, pour arriver ainsi
graduellement jusqu'à des voûtes des plus grandes dimensions
dont on puisse faire usage ; mais il fallait attendre une circonstance favorable : elle s'est présentée, et je l'ai saisie avec empresse-
sement. C'est à l'occasion des travaux du canal latéral à la
Garonne.

Quoique bien persuadé que l'emploi du béton dans la con-
truction des nombreuses voûtes des ponts-canaux jetés sur le
Tarn et sur la Garonne, eût présenté des avantages très-appré-
ciables et de notables économies, je compris, néanmoins, que ce
n'était pas là qu'il fallait, pour le moment, tenter un essai : ma
proposition eût couru les chances d'un refus, et j'aurais vu
ajourner, peut-être indéfinitivement, une expérience que je tenais à cœur de diriger.

Ma proposition se réduisit, dès-lors, à offrir de faire l'essai
de mon système dans la construction de l'un des ponts jetés sur
le canal pour le service d'une route vicinale.

Suivant les projets dressés, chaque pont, pour routes ou chemins, devait avoir une ouverture de 9 mètres entre les parements
des culées ; et la voûte, très-surbaissée, était décrite par un rayon
aussi de 9 mètres. Il n'y avait qu'une seule banquette de hallage,
et l'axe du pont ne devait pas correspondre à l'axe du canal. La
largeur du pont entre les têtes était subordonnée à l'espèce de
chemin à desservir.

Après avoir étudié les modifications que l'on pourrait faire
subir à ce projet, je dressai un nouveau plan dans lequel je proposais de donner à l'arche du pont une ouverture de 12 mètres,

décrite par un rayon de 12 mètres, et de placer, dès-lors, le milieu de la voûte dans l'axe du canal, en construisant deux banquettes de hallage, entre lesquelles il y aurait une largeur de 7 mètres pour le passage des bateaux.

Mon projet, ainsi rédigé, fut transmis à M. le ministre des travaux publics, qui en fit le renvoi à M. de Baudre, inspecteur divisionnaire, directeur des travaux du canal, pour avoir son rapport. Dans les détails explicatifs de mon projet, je proposais de construire en béton l'entier massif du pont, même la voûte, dans laquelle on aurait placé des chaînes horizontales et verticales en briques.

En me faisant connaître que ma proposition était prise en considération, M. le ministre me donnait avis qu'il me fallait en conférer avec M. de Baudre et arrêter, s'il y avait lieu, les bases principales de l'exécution de mon projet. A suite de mes conférences avec ce fonctionnaire, un rapport favorable fut transmis à M. le ministre, moyennant certaines conditions relatives à l'exécution des ouvrages. Mais il fallait encore l'avis du conseil général des ponts-et-chaussées, et l'approbation ministérielle, avant de mettre la main à l'œuvre. Pour activer l'accomplissement des formalités voulues en pareil cas, et répondre aux objections qui pourraient encore surgir, je me décidai à me rendre à Paris.

Dans la séance du 10 mars 1840, à laquelle je fus admis, le conseil-général s'occupa de ma proposition, et j'eus à répondre à diverses questions qui m'étaient adressées, tant sur les divers ouvrages que j'avais fait exécuter en béton et les résultats que j'en avais obtenus, que sur les moyens que je comptais employer, et les procédés dont je devais faire usage dans la construction du pont sur le canal. Après avoir répondu, aussi bien que cela m'était possible, aux questions et objections qui m'étaient adressées, le conseil réclama la suppression des chaînes en briques interposées dans le massif de béton de la voûte : j'acceptai cette modification du projet; mais on exigeait plus encore : on demandait, sans toutefois m'en imposer l'obligation, la suppression de la maçonnerie de briques des têtes de la voûte, parce que, disait-on, il serait à désirer que le corps de la voûte soit tout entier en béton, sans mélange de toute autre maçonnerie : ceci me parut offrir quelques difficultés dont je parlerai plus tard, et je ne pris aucun engagement à ce sujet.

Par décision du 24 mars 1840, mon projet fut définitivement approuvé par M. le ministre, et je fus autorisé à construire le pont sur le canal aux conditions que je vais rapporter :

« Le sieur Lebrun se conformera dans les dispositions des différentes parties du pont, et dans leurs dimensions, aux instructions qui lui seront données par M. l'ingénieur en chef, pour que ce pont concorde avec les projets de ponts sur le canal déjà approuvés.

« Ce pont sera établi dans le voisinage de l'écluse de la Vache, près Montech (1), sur l'emplacement qui sera désigné par M. l'ingénieur en chef. Il aura 5 mètres entre les têtes (2), 12 mètres d'ouverture, l'arc de la voûte sera de 60 degrés, et deux banquettes en maçonnerie seront construites pour le hallage.

« 2.° La voûte du pont sera entièrement en béton, sans mélange de chaînes verticales ou horizontales en briques.

« Le sieur Lebrun sera même invité à examiner si, dans la vue de rendre plus concluante l'expérience qu'il va tenter, il ne serait pas possible de supprimer les deux archivoltes de tête qu'il projette de faire en briques.

« Les angles des culées, le couronnement des chemins de hallage, les bornes et les bahuts des parapets, seront en pierre

---

(1) Le lieu de Grisolles a été postérieurement désigné pour cet emplacement.

(2) Sur la demande de M. le maire de Grisolles, on a donné au pont une largeur de 6 mètres entre les têtes.

de taille de Septfonds, suivant l'appareil qui en sera remis au sieur Lebrun.

« Il sera, du reste, libre de faire les autres parties du pont en briques ou en béton, à sa volonté; il sera également libre, comme il le demande, dans le choix des procédés pour la manipulation et l'emploi du béton.

« L'entreprise sera faite par série de prix , et les travaux seront payés, sans rabais, d'après les prix établis par le devis en date du 25 avril 1839, dont il lui sera donné copie , et qui a servi de base à l'adjudication de l'écluse de la Vache et des ponts à construire entre Sainte-Rustice et Montech. Toutefois, le cintre sera payé au sieur Lebrun , tout compris, au prix de 600 francs, fixé par son mémoire du 12 octobre 1839. Les briques de ce cintre lui appartiendront après le décintrement. Il sera libre d'en faire l'emploi dans la construction du pont, sans, néanmoins, que celles qui seraient de mauvaise qualité, ou qui auraient été détériorées, puissent être employées en parement.

« 3.° Les travaux lui seront payés au fur et à mesure de leur avancement, sauf la retenue d'un dixième jusqu'à ce qu'ils soient arrivés à la naissance de la voûte; mais il ne recevra de nouvel à-compte qu'à la réception provisoire, qui aura lieu trois mois après que le pont aura été livré à la circulation, s'il est alors constaté que la maçonnerie de la voûte et des autres parties du pont se comporte d'une manière rassurante. Ce nouvel à compte ne pourra excéder la moitié des dépenses restant dues, déduction faite du dixième de retenue.

« 4.° La réception définitive et la solde de l'entreprise auront lieu au bout d'une année de passage sur le pont, s'il a continué à subir cette épreuve sans aucune altération.

« 5.° Le sieur Lebrun fournira un cautionnement en immeubles, de la valeur de 1,000 fr.

« 6.° Il sera, d'ailleurs, soumis aux clauses et conditions

stipulées par le devis précité, sauf les dérogations qui résulte-ront des conditions ci-dessus.

« 7.° L'avant-métré du pont et son estimation seront dressés le plus tôt possible, dans la double hypothèse du mode de con-struction du sieur Lebrun, et de celui des ponts précédemment approuvé, en substituant, toutefois, dans ce dernier, la maçon-nerie de cailloux recrépie, à celle en briques dans le parement des culées et murs en retour, où ce changement peut avoir lieu sans grands inconvénients, afin que l'administration soit fixée sur la différence que présentent ces deux modes sous le rapport de l'économie. »

Dès-que l'autorisation ministérielle me fut connue, et après avoir rempli les formalités voulues par les conditions précitées, je me hâtai de prendre mes mesures pour commencer aussitôt les ouvrages ; car je tenais surtout à avoir terminé les maçonne-ries quelque temps avant la venue des grands froids : l'expérience m'avait appris que les parements étaient attaquables par les gelées lorsque les bétons étaient encore frais.

Je vais donner les détails de cette construction, et indiquer les précautions adoptées et les procédés mis en usage pour l'exé-cution des travaux. Ces explications seront, sans doute, utiles pour le cas de constructions analogues.

ARTICLE I.er

DISPOSITION DU CHANTIER : OBJETS QUELCONQUES DONT IL ÉTAIT POURVU.

Vers les premiers jours du mois de mai 1840, je me disposai à commencer les ouvrages, après avoir reçu l'indication de l'axe de la route que le pont devait desservir. Les fouilles des fonda-tions des culées furent aussitôt entreprises, suivant la forme et les dimensions du plan qui m'avait été remis.

Le chantier d'approvisionnement des matières et de manipu-lation des bétons, était placé à une *vingtaine* de mètres de distance du pont, sur un terre-plein d'une partie du canal, non encore déblayée; il occupait un espace de 30 mètres de longueur sur 7 mètres de largeur pour la partie réservée à la manipulation des bétons : les sables et graviers étaient approvisionnés à l'entour de cet emplacement. Aux deux bouts de ce parallélogramme, on avait construit des barraques en pisé, l'une servant de magasin des outils et de bureau, l'autre destinée à renfermer la chaux vive à son arrivée des fours ; à côté de celle-ci étaient placés les bassins en maçonnerie, servant à l'éteignage de la chaux : chacun de ces bassins pouvait contenir 3 mètres cubes de chaux. L'espace compris entre les deux barraques, de 18 mètres de longueur sur 7 mètres de largeur, était carrelé en briques pour servir à la manipulation des bétons ; il était recouvert d'une tente en toile, qui mettait les bétons et la chaux éteinte à l'abri de la pluie et du soleil. L'eau nécessaire à l'extinction de la chaux, et aux divers besoins du chantier, était fournie par un puits construit provisoirement à côté des bassins : une pompe y était adaptée pour ce service.

La superficie de l'aire carrelée avait été calculée à raison de la quantité de béton à préparer simultanément. Elle pouvait contenir vingt-quatre travailleurs, divisés en section de quatre hommes formant six groupes. Chaque groupe avait à sa disposition *deux rabots* en fer pour broyer les mortiers, *quatre pilons* en fonte, du poids de 4 kilogrammes chacun, *une pioche* à trois pointes, et plusieurs pelles; les matières étaient servies à chaque groupe par des ouvriers spécialement chargés du dosage de la chaux, du sable et des graviers.

Un certain nombre de petits manœuvres, proportionné à la quantité de béton à préparer dans chaque journée de travail, était toujours prêt à enlever et à transporter aussitôt à leur place les bétons lorsqu'ils était suffisamment manipulés.

Le chantier était également pourvu de planches pour former les encaissements des maçonneries au-dessus du sol, et de paillassons ou nattes servant à recouvrir les bétons au fur et à mesure de la confection de chaque assise.

ARTICLE II.

INDICATION DE LA MARCHE ET DU PROGRÈS DES TRAVAUX; PROCÉDÉS SUIVIS ET PRÉCAUTIONS ADOPTÉES PENDANT LA CONSTRUCTION.

Les fouilles des fondations des culées étaient terminées le 15 juin 1840, et l'on travailla de suite à les garnir en béton; et comme la nature du terrain avait permis de rendre les parois très-droites et très-d'aplomb, il ne fut pas nécessaire de faire usage des planches pour former les encaissements, jusqu'à la hauteur des banquettes de hallage. Au fur et à mesure que les petits manœuvres transportaient le béton dans leurs baquets, et le jetaient dans les tranchées, un fort manœuvre était continuellement occupé à le massiver avec une batte en bois, pour rendre le massif également compacte et homogène dans toute son étendue. Si parfois un soleil trop ardent desséchait trop rapidement le béton, on en recouvrait les parties avec les paillassons, que l'on maintenait, au moyen d'un arrosage fréquent, dans un état d'humidité permanente; cette précaution était, d'ailleurs, prise après la confection de chaque assise, pour peu qu'il y eût d'interruption entre celle-ci et la construction d'une nouvelle. Chaque assise de béton avait approximativement une épaisseur de 35 à 40 centimètres.

Le bétonnement des deux culées était terminé le 4 juillet jusqu'à la hauteur du chemin de hallage; et aussitôt on s'occupa de la pose des angles en pierre de taille. La mise en place des bétons fut, après cela, continuée sans interruption aux deux culées en même temps, en prenant les précautions dont je viens de parler; et comme à partir de ce point les maçonneries se trouvaient hors terre, il fut nécessaire de former les parements avec des planches fixées à des poteaux plantés dans la terre, et contre lesquelles le béton était massivé pour en rendre la face unie. Après la confection de chaque assise, les planches étaient successivement enlevées et remontées, pour recommencer une autre assise : et ainsi de suite jusqu'au sommet des culées. Un intervalle de douze heures suffisait toujours pour donner aux bétons assez de fermeté, et permettre le déplacement des planches, sans que les parements fussent déformés. Le 20 juillet, les deux culées étaient terminées jusqu'au niveau des naissances de la voûte, et l'on ne discontinua pas à garnir les reins jusqu'au niveau correspondant de l'intrados de la voûte.

Avant de commencer la construction du cintre, il fallait attendre que les bétons des massifs des culées eussent atteint un certain degré de consistance; dans cet intervalle, on travaillait aux murs des banquettes de hallage, dont il est peu important de s'occuper ici : je dirai seulement que ces murs sont faits également en béton, à l'exception des parements du côté du canal, que l'on a dû faire en briques, par le fait de circonstances relatiaux manœuvres de la navigation.

Le 10 août, les travaux du cintre furent commencés, et terminés le 17 du même mois. Cette opération, qui, ainsi qu'on le voit, a duré sept jours, aurait pu être faite en beaucoup moins de temps : mais il faut remarquer que c'était ici le premier essai de cette espèce de cintre, et qu'il fallait une attention toute particulière pour cette construction, à laquelle les ouvriers étaient encore inhabiles ou inaccoutumés. Je consacrerai un article spécial à la description des procédés suivis pour la construction de ce cintre et pour sa démolition.

Après la confection du cintre, on construisit les deux archivoltes en briques des têtes de la voûte, et ensuite on procéda à la pose des bétons sur le cintre, dans l'intervalle des deux archivoltes précitées. Ce bétonnement, commencé le 26 août, était terminé le 5 septembre.

Dès la pose des derniers bétons de la voûte, on construisit les autres parties du pont, et je fis placer sur la voûte une chappe générale en mortier, de 10 centimètres d'épaisseur : cette chappe fut immédiatement recouverte d'une couche de terre argileuse compacte, que l'on entretenait constamment humide, pour conserver la fraîcheur des mortiers.

Je vais suspendre pour un moment les détails de la marche et du progrès des ouvrages, afin de parler des *procédés suivis* et des *précautions* adoptées pendant la construction.

On sait bien, ainsi que je l'ai déjà dit, que la bonne qualité des bétons dépend surtout du degré d'hydraulicité de la chaux ; il faut le répéter sans cesse : il est impossible d'obtenir des bétons, tant soit peu qu'ils vaillent, avec de la chaux grasse pure, quels que soient les moyens que l'on emploie à son extinction, ainsi qu'à la préparation des mortiers et à la manipulation des bétons. La chaux qui a été employée à la construction du pont provenait des localités de *Labourgade* et *Bourret;* elle est désignée, dans les recherches statistiques de M. Vicat, comme moyennement hydraulique, et contient 15 pour cent d'argile ; son foisonnement varie de 1,40 à 1,50 de chaux en pâte pour 1 de chaux vive.

Les sables provenaient d'une minière qui fournissait également les graviers. Ces matériaux étaient d'une très-bonne qualité, aussi purs et aussi nets de toutes parties hétérogènes, que s'ils eussent été pris en rivière.

Pour l'extinction de la chaux on employait le procédé que j'ai déjà décrit dans la première partie; les deux bassins accolés, placés à côté du magasin à chaux, servaient à cette extinction. L'eau était d'abord introduite dans l'un des bassins jusqu'à la moitié de sa profondeur, et ensuite on projetait, sous cette eau, la chaux vive, uniformément répandue sans interruption ; la quantité de chaux était reconnue suffisante dès qu'elle était légèrement effleurée par l'eau à la surface. Cela fait, on laissait la chaux s'éteindre librement ; on évitait de la remuer; et seulement, si dans quelques parties du bassin la chaux n'était pas recouverte, on la piquait avec un bâton, pour amener l'eau surabondante dans certains endroits, partout où la chaux fusait à sec. Dès que le travail de l'effervescence de la chaux était terminé, deux ou trois heures après son immersion (1), alors des ouvriers brassaient fortement la pâte, au moyen du rabot, pour la rendre bien liée et parfaitement homogène dans toute l'étendue du bassin. Après cela, on abandonnait la chaux en pâte, ainsi préparée, pour n'être employée que douze heures au moins après son extinction. On conçoit maintenant l'utilité des deux bassins : la chaux était éteinte alternativement dans chacun d'eux, et les intervalles étant ainsi régulièrement observés, il en résultait que les travaux n'étaient jamais interrompus, faute de chaux éteinte.

Les bétons étaient généralement composés *d'une partie* de chaux en pâte, *une partie et demie* de sable, et *deux parties et demie* de graviers.

J'ai dit que les matières étaient successivement apportées sur l'aire, à la place de chaque section d'ouvriers, par de forts manœuvres spécialement chargés du dosage; la chaux y était d'abord déposée, et aussitôt elle était broyée, pilonée et ramollie à l'aide des pilons et des rabots, sans addition d'eau : car, il faut le redire, au moyen du pilonage la pâte devenait très-molle par la reproduction de l'eau qui y était latente, même après 48 heures de l'extinction de la chaux. Les manœuvres distribuaient ensuite à chaque groupe une comporte et demie de sable, que l'on mélangeait avec la chaux pour en constituer le mortier ; ce travail était fait à force de bras avec les pilons et les rabots, toujours sans addition d'eau, et si, par évènement, les sables étaient trop secs, on les humectait légèrement quelques instants avant leur emploi. Aussitôt que les mortiers étaient ainsi confectionnés, on

<hr>

(1) Certaines chaux hydrauliques exigent plus de temps : il en est dont l'effervescence n'est complète qu'au bout de six à huit heures.

y amalgamait les graviers partie par partie , jusqu'au parfait mélange des deux comportes et demie qui étaient nécessaires : pour cette opération on se servait des pilons, et au moyen de la pioche à trois pointes on malaxait les matières en les retournant dans tous les sens; on reconnaissait que le mélange était suffisant lorsque les graviers étaient complètement enveloppés de mortier, et que la liaison était parfaite. Les bétons, ainsi confectionnés, étaient réunis en un tas commun, d'où les petits manœuvres les prenaient pour les porter au lieu de la construction, où ils étaient de nouveau pilonés et massivés, pour en former un tout homogène.

Les proportions des matières, établies comme je viens de le dire, étaient toujours régulièrement observées, et la manipulation, rigoureusement surveillée, s'opérait d'une manière uniforme et satisfaisante.

Les bétons ont été faits, ainsi que je viens de l'expliquer, pour l'entier massif du pont : mais pour la voûte, je jugeai à propos d'y adjoindre une certaine proportion de ciment de Cahors, afin d'activer la prise. Cette adjonction était, pour ainsi dire, nécessaire à cause de la condition qui m'était imposée de livrer le passage sur le pont le plus tôt possible; j'aurais obtenu en définitive le même résultat sans cette addition de ciment: mais il eût fallu plus de temps.

Pendant l'exécution des ouvrages, je me suis livré à plusieurs expériences ayant pour but de reconnaître le progrès de la prise des bétons, de vérifier leur homogénéité intérieure, et de constater le *rendement* des matières en béton mis en place.

J'ai reconnu qu'au bout de trois ou quatre jours les bétons avaient fait une bonne prise; que dans l'intérieur des massifs il n'y avait pas de vides; et que les graviers étaient parfaitement enveloppés de mortiers : d'où il suit, évidemment, que les proportions adoptées étaient convenablement combinées. Cette reconnaissance a eu lieu sur du béton mis à part dans de petite caisses placées les unes sous terre, les autres à l'air libre, et au moyen de sondages faits dans les massifs des maçonneries.

En ce qui concerne la mesure du béton, obtenu par l'effet du mélange des matières, j'ai observé : 1.° qu'une comporte de chaux en pâte, mélangée avec une comporte et demie de sable, avait produit, après la manipulation, une comporte neuf dixièmes de mortier : absortion, six dixièmes de comporte ; qu'en ajoutant à cette quantité de mortier deux comportes et demie de graviers, on avait obtenu trois comportes neuf dixièmes de béton : absortion, cinq dixièmes ou demie comporte ; et au total, une comporte un dixième de matières se trouvaient absorbées par les vides. Il suit de ce calcul, que cinq comportes de chaux, sable et graviers, mélangées suivant les procédés précédemment indiqués, ont donné 3,90 de béton ; mais comme il faut tenir compte de l'effet du pilonage et de la massivation du béton mis en place, on peut réduire cette mesure à 3,75.

Voici un nouveau produit d'une seconde expérience :

0 ^{m} 50 ^{c} de chaux éteinte en pâte.

0   75   de sable.

1   25   de graviers.

2 ^{m} 50 ^{c} cubes de béton de ces matières ont donné 1,90 de béton

manipulé et prêt à être mis en place.

De ces expériences il résulte que, pour combiner avec exactitude la mesure des matières qui doivent constituer un mètre cube de béton, il faudra :

0 ^{m} 26 ^{c} de chaux en pâte.

0   39   de sable.

0   65   de graviers.

1 ^{m} 30 ^{c} cubes de ces matières : résultat absolument conforme à

ce que j'ai déjà dit dans la première partie, et aux assertions émises à cet égard par divers constructeurs.

Pour que les mortiers et bétons soient convenablement confectionnés, il importe que chaque groupe de travailleurs ne soit pas chargé d'une trop grande quantité de matières à manipuler. Les comportes dont on faisait usage pour le dosage des matières avaient les dimensions ci-après : diamètre moyen, 51 centimètres ; hauteur intérieure, 44 centimètres ; d'après ces dimensions, chaque comporte donnait un cube de 9 centimètres. Ainsi chaque section d'ouvriers travaillait sur 0,45 centimètres cubes de matières, qui, à raison de l'absortion des vides, se réduisaient à 0,333 cubes de béton manipulé.

J'ai déjà expliqué le motif qui m'avait engagé à mélanger une certaine portion de ciment de Cahors aux bétons préparés pour la construction de la voûte. Ce mélange était opéré dès que les mortiers étaient confectionnés ; mais il était indispensable de les faire un peu mous, en ajoutant de l'eau pendant le délaiement de la chaux : sans cette précaution, il eût été pour ainsi dire impossible de bien lier le ciment aux mortiers. Ainsi, lorsque les mortiers étaient suffisamment travaillés, on ajoutait le ciment en poudre, et aussitôt on mélangeait rapidement, à force de bras, jusqu'à parfaite liaison ; immédiatement après, on ajoutait les graviers, et le travail était terminé comme pour les bétons ordinaires. Chaque brassée de béton recevait 0,0198 de ciment, mesuré dans une caisse ; et comme il fallait trois brassées pour former un mètre cube, il entrait donc, dès-lors, 0,06 cubes de ciment par mètre cube de béton.

La construction du pont de Grisolles a été exécutée à l'époque de l'année la moins favorable aux mortiers hydrauliques. On remarque, en effet, que les maçonneries ont été faites en juillet et août, précisément lors des plus fortes chaleurs : et l'on sait qu'une dessiccation trop rapide est toujours funeste à une bonne constitution de ces sortes de mortiers. C'est pour se garantir de ces inconvénients, que le lieu de fabrication était abrité par une tente en toile, et que, lorsque les bétons étaient mis en place, on avait le soin de les recouvrir de nattes en paille, fréquemment mouillées dans la journée.

ARTICLE III.

CINTREMENT ET DÉCINTREMENT DE LA VOUTE DU PONT.

Les travaux du pont de Grisolles avaient pour double objet : 1.° de faire emploi à cet ouvrage de la maçonnerie de béton dans la construction des culées et de la voûte; et 2.° de faire l'essai d'un système de cintre à l'usage des voûtes en maçonnerie. J'ai expliqué les procédés suivis pour les travaux en béton du massif général du pont : il me reste donc à parler de la construction du cintre, et de sa démolition après la confection de la voûte.

Le cintre dont il s'agit, ou pour mieux dire le support des maçonneries de la voûte, était un composé de quatre assises de briques ou cloisons superposées, maçonnées partie en plâtre et partie en ciment. Il s'appuyait aux naissances sur une maçonnerie de briques posées en encorbellement, formant saillie de 25 centimètres sur le nu des culées, et ayant une épaisseur de 30 centimètres : les briques supérieures étaient taillées en coupe suivant la ligne du rayon de l'arc, sur lesquelles devaient reposer les cloisons formant le cintre; la fig. 6 de la pl. V indique la forme et la disposition de cette construction.

Il serait peut-être inutile de parler ici des procédés suivis pour l'exécution de cet ouvrage, puisque je me réserve de donner dans le chapitre suivant une explication générale de ce mode de cintrement des voûtes en maçonnerie; mais je ne puis pas renoncer à entrer dans les détails de cette construction, dussé-je, répéter plus tard, ce que je dirai maintenant à ce sujet.

Les briques destinées à cette construction étaient de bonne qualité, bien cuites et d'égale dimension; elles avaient en longueur 40 centimètres; en largeur, 20 centimètres, et 55 millimètres d'épaisseur. D'après ces dimensions, il fallait *douze* briques par mètre carré de cloison simple, ou bien *quarante-huit* par mètre superficiel de cintre composé de *quatre assises :* l'épaisseur de ces quatre assises devait être, dès-lors, de 25 centimètres, en y comprenant les plâtre et ciment.

On conçoit qu'il ait fallu décrire sur une aire la courbure de la voûte, comme s'il eût été question d'y tracer les divers assemblages d'un cintre en charpente; car il était nécessaire d'établir exactement l'épaisseur des cloisons de briques, pour construire les cintres en planches doubles destinés à la pose de la première assise inférieure, et à servir de guide aux ouvriers constructeurs : la courbe de ces cintres était donc déterminée par un rayon moindre de toute l'épaisseur des cloisons sus-mentionnées.

La longueur de la voûte, entre les têtes, étant de 6 mètres, on posa trois cintres en planches, qui se trouvaient espacés de trois en trois mètres (1); ils furent reposés sur les briques placées en saillie, et l'on avait eu le soin d'établir au milieu un léger poinçon avec contrefiches en planches, pour éviter un surbaissement quelconque pendant la construction. Ces cintres étaient liés entre eux par des liernes ou liteaux en planches, pour les maintenir d'aplomb; ces liteaux devaient, d'ailleurs, servir de guide aux maçons pour la pose des briques.

Les choses ainsi disposées, les plâtriers entreprirent la construction de la première assise sur les deux côtés à la fois du cintre aux naissances de la voûte; ils commencèrent par trois briques en longueur, ou bien 1 mètre 20 centimètres de longueur de cloison, qu'ils continuèrent ainsi sans désemparer jusqu'à la clef; et une fois cette partie clavée, le cintre en planches n'éprouvait plus aucune charge : il n'avait eu, d'ailleurs, à supporter que

---

(1) Pour la construction de voûtes ayant plus de longueur, cet espacement pourrait être de 4 et 5 mètres; car ces cintres n'ont à supporter d'autre charge que celle des premières briques à l'une des têtes de la voûte.

celle du poids de quelques briques. Cela fait, toute difficulté était vaincue, s'il pouvait y avoir quelque difficulté pour cette construction, et ensuite il ne restait plus qu'à continuer la cloison, en suivant la ligne courbe indiquée par les autres cintres, et en adaptant successivement les briques à la partie déjà clavée. Pour bien se rendre compte du mécanisme de cette construction, il faut se reporter aux explications données au chapitre suivant, et aux détails de la planche 6.

Après la construction de la première assise, le travail des plâtriers devenait très-facile pour la deuxième; car ils n'avaient plus qu'à poser les briques noyées dans le plâtre en mode de carrèlement, mais en observant de les placer de manière à ce que les joints de l'assise inférieure soient exactement coupés par les briques de la nouvelle assise. Ce travail était fait avec la plus grande facilité, ainsi que cela peut se concevoir aisément. La cloison inférieure, quoique simple, était déjà assez forte pour supporter les ouvriers et les matériaux destinés à la deuxième assise : et pour celle-ci on procédait comme pour la première, en clavant chaque partie au fur et à mesure que l'on avançait d'une tête vers l'autre.

La construction des deux dernières assises eut lieu de la manière indiquée ci-dessus pour la deuxième, en observant toujours de couper exactement les joints; mais au lieu de plâtre, on employa, pour la pose des briques, du mortier de ciment ou chaux éminemment hydraulique; afin d'éviter l'altération du plâtre par l'effet de l'humidité des bétons.

Dès la confection des quatre assises, qui devaient former le cintre de la voûte, je fis placer sur toute son étendue une couche de mortier de terre argileuse compacte, de 3 centimètres d'épaisseur, qui servait à modeler parfaitement la courbe de la voûte, suivant l'épure tracée sur l'aire; et seulement alors qu'il fut reconnu que cet enduit était très-sec, on s'occupa de la construction de la voûte. Cette couche de terre était non-seulement utile pour dessiner la forme de la voûte, ainsi que je viens de le dire, mais encore elle avait pour objet d'éviter la cohésion des bétons avec les briques de l'assise supérieure.

J'ai dit dans l'article précédent que la construction du cintre, à laquelle avaient été occupés quatre plâtriers, servis par les manœuvres nécessaires pour l'approche des matériaux, avait duré sept journées de travail, et que presque aussitôt après sa confection on avait procédé à la construction de la voûte, dont les maçonneries générales furent terminées le 5 septembre 1840.

Avant de procéder au décintrement, il fallait attendre que les bétons eussent atteint le degré de consistance nécessaire. Cette opération ne fut entreprise que le 20 janvier 1841, *quatre mois et demi* après la confection des maçonneries; et après cette démolition, l'intrados de la voûte apparut très-uni, sans flaches, ni fissures.

L'opération du décintrement fut faite avec la plus grande facilité; voici de quelle manière on procéda. Des ouvriers placés sur un léger échafaudage commencèrent par briser une des briques à la clef, et ensuite, au moyen d'une pince en fer, ils détachaient successivement les autres briques, que des manœuvres enlevaient au fur et à mesure. Ce travail était fait à sens inverse de celui de la construction dont j'ai déjà parlé : c'est-à-dire que l'on n'entreprenait la démolition que sur une zone de 1 mètre de longueur de cintre, en partant de la clef et se dirigeant vers les naissances des deux côtés en même temps. Il eût été peut-être dangereux de rompre en une seule fois les briques à la clef, parce qu'alors les parties latérales n'étant plus soutenues, auraient pu se détacher par larges plaques et occasionner des accidents, en même temps que les briques se seraient inévitablement brisées dans leur chute. En procédant ainsi que je viens de l'indiquer, presque toutes les briques étaient conservées entières : car elles se détachaient du plâtre avec assez de facilité. Cette opération faite pour la première assise fut continuée de la même manière pour la deuxième, qui était également maçonnée en plâtre; mais lorsqu'on en vint à la troisième assise, bâtie en ciment, ainsi qu'à la quatrième, alors il y eut une grande difficulté à détacher les briques, à raison de la force d'adhérence du ciment, qui les tenait liées, et l'on ne pouvait les enlever qu'en les brisant presque une à une. J'avisai alors un autre expédient pour terminer cette démolition : je fis rompre les briques aux deux naissances, et les deux assises tombèrent à la fois en une seule pièce; par ce moyen, beaucoup de briques, qu'il eût fallu enlever par morceaux, furent conservées entières.

La construction du cintre avait nécessité l'emploi d'environ 3,870 briques, pour une superficie de 81 mètres carrés, à raison de 48 briques pour les quatre assises : sur ce nombre, 2,050 briques furent conservées entières et purent servir à des maçonneries; les débris des autres briques servirent à faire du béton : ainsi, tout fut mis à profit.

Si des 3,870 briques employées nous déduisons les 2,050 qui ont pu être réemployées dans les maçonneries de cette espèce, nous devons compter 1,820 briques perdues par la construction du cintre; ces briques ayant été payées à raison de 11 fr. 50 c. le cent, montent à la somme de............... 209 fr. 30 c.

Il a été employé, pour cette construction :

	fr.	c.
27 journées de plâtrier, au prix de 3 fr.; ci...	81	00
21 journées de fort manœuvre, à 1 fr. 20 c.; ci.	25	20
28 journées de petit manœuvre, à 0 fr. 75 c.; ci.	21	00
Dans la construction des deux assises inférieures, il est entré 1,750 kil. en plâtre, soit 11 kil. environ par mètre carré de cloison simple, qui, au prix de 6 fr. les 100 kil., montent....................	105	00
Pour les deux assises supérieures, il a fallu 3 mètres cubes de ciment, à 40 fr. le mètre; ci...	120	00

A reporter...................... 120 fr. 50 c.

A reporter................ 561 fr. 50 c.

Faux frais pour les cintres en planches doubles
et pour les échafaudages...................... 55   00

Le travail de la démolition des cloisons ayant
servi de cintre, a occasionné une dépense de..... 58   00

Montant de la dépense faite............. 674 fr. 50 c.

La superficie du cintre étant de 81 mètres carrés, il en résulte que la dépense par mètre carré a été de 8 fr. 33 cent.; mais il faut, toutefois, tenir en compte la valeur des cintres en planches et des échafaudages, ainsi que des débris de briques employés aux bétons : d'où il suit que la dépense sus-mentionnée peut être réduite, tout compte fait, à la somme de 600 francs. Je m'étais chargé de cette construction moyennant la somme de 720 fr.

La dépense qui eût été occasionnée par la construction d'un cintre en charpente, aurait été de 2,400 fr. : cette appréciation est basée sur les prix des cintres de cette espèce qui ont servi à la construction des voûtes des ponts sur le canal. En comparant ce chiffre avec celui de la dépense du cintrement en briques, on trouve une économie très-considérable en faveur de ce dernier mode de construction : économie qui eût pu être encore plus grande, si les ouvriers eussent eu l'habitude de ce genre d'ouvrage. Immédiatement après la démolition du cintre, on s'occupa de la confection des ouvrages, pendant que l'on préparait les abords du pont. On mit en place, sur les deux têtes, les pierres de taille de couronnement destinées à servir de trottoir et à recevoir les garde-corps en fer qui devaient y être scellés : en même temps on posait sur la chappe de la voûte une couche de terre argileuse très-compacte et mouillée, pour conserver les mortiers humides. Après cela, les remblais furent terminés sur le pont, on s'occupa du pavage des rigoles, et aussitôt la voie du pont et ses abords furent recouverts du gravelage nécessaire.

Les travaux étant ainsi confectionnés, le pont fut livré au

passage public vers les premiers jours du mois d'avril 1841 ; et, depuis cette époque, de nombreuses charrettes, pesamment chargées, n'ont cessé d'éprouver cette construction, qui a résisté sans la moindre altération aux différents efforts qu'elle a eu à subir par le fait de ce passage.

L'expérience est venue confirmer ici ce que j'ai déjà dit relativement à la nullité des effets des *gelées* sur les bétons, quand ils sont constitués en temps opportun. Les maçonneries de la voûte étaient terminées vers les premiers jours de septembre 1840 : et l'enlèvement du cintre, opéré le 20 janvier 1841, mettait ainsi tous les parements à découvert. Le 14 décembre 1840, de grands froids se faisaient sentir; le 15, le thermomètre marquait 3 degrés au-dessous de zéro ; le 16, 5 degrés au-dessous; le 17, 3 degrés 1/2; le 18, 3 degrés au-dessous; le 19, 1 degré. Les gelées recommencèrent vers le 25 janvier 1841; pendant plusieurs jours le thermomètre marquait de *un* à *cinq* degrès au-dessous de zéro; le 2 février, 3 degrés; le 3, 5 degrès; le 4, 3 degrés. Ensuite, le 5 janvier 1842, le thermomètre indiquait 5 degrés de froid; le 6, 5 degrés 1/2; le 7, 6 degrés; le 8, 7 degrés 1/2; le 9, 12 degrés; le 10, 8 degrès; le 11, 4 degrés; et pendant plusieurs jours après, l'intensité se maintint de 2 à 3 degrés au-dessous du point de congélation. Les gelées de ce dernier hiver ont occasiouné des dégats considérables, en brisant, sur les chantiers des travaux du canal, une grande quantité de pierres de taille qui y était approvisionnée; et d'un autre côté, l'influence de ces gélées a été funeste aux rejointoiements des murs bâtis en briques, parce que, à ce moment, les mortiers n'avaient pas encore atteint le degré de dessiccation convenable.

Les maçonneries du pont de Grisolles n'ont rien souffert de l'action des fortes gelées de ces deux hivers; et, maintenant que les bétons ont acquis toute leur consistance, ils braveront impunément les plus grands froids, quelle que soit leur intensité : personne ne serait fondé à venir élever des doutes à cet égard, puisqu'il existe des preuves matérielles qui corroborent cette assertion.

C'est pour mettre le lecteur à même d'apprécier l'importance de ces résultats, que j'ai donné le détail sus-relaté des variations atmosphériques à diverses époques qui ont succédé à la construction dont il vient d'être question.

ARTICLE IV.

CONSTRUCTION D'UN AQUEDUC SOUS LA RAMPE DU PONT.

L'établissement des rampes du pont nécessitait la construction d'un aqueduc, pour le passage des eaux du contre-fossé du canal; cet aqueduc devait avoir une longueur de 18 mètres, une ouverture de 2 mètres 50 centimètres, et une hauteur de 2 mètres, sous clef. Il fut convenu que le massif général de cette construction serait fait en béton, même la voûte, en plein cintre; les têtes seulement devaient être faites en maçonnerie de briques.

L'établissement de cet aqueduc devant être fait tout en déblai dans le terrain naturel, je conçus l'idée de faire exécuter les fouilles de manière à ce que les terres serviraient d'encaissement pour former les parements, et de cintre pour la voûte; par ce moyen, il ne s'agissait que de bien dresser les terres du côté des parements à mettre ensuite à découvert, de modeler avec soin la forme de la voûte, et de projeter ensuite le béton dans les tranchées comme dans un moule.

Ce projet a été exécuté tel que je l'avais conçu; et pour bien se rendre compte de ce travail, il faut se reporter aux dessins représentés par les fig. 1, 2, 3, de la pl. IV. Ces dessins, qui peuvent servir d'exemple pour ce qu'il convient de faire en pareil cas dans la construction de voûtes quelconques souterraines, quelle que soit leur étendue et la forme des arcs, représentent fidèlement la marche suivie dans la construction de l'aqueduc dont il est ici question.

La fig. 1 indique l'état de la construction après la confection des fouilles des tranchées, et le modelage de la forme de la voûte.

La fig. 2 est dressée au moment où les tranchées sont garnies en béton, et où l'on travaille au bétonnement de la voûte.

La fig. 3 représente la construction terminée, d'une part vue en coupe, et de l'autre en élévation. Les terres qui servaient de forme aux parements intérieurs des pieds-droits et à la voûte, ont été enlevées.

La composition du béton employé à cette construction était la même que pour le pont dont j'ai parlé dans l'article précédent; les procédés employés pour la manipulation et la mise en place étaient pratiqués de la même manière; il est donc parfaitement inutile d'entrer dans de nouveaux détails à cet égard.

Les travaux de maçonnerie de cet aqueduc furent commencés le 10 août 1841. Ils étaient complètement terminés le 5 septembre. La voûte fut immédiatement chargée d'une épaisseur de 2 mètres 50 centimètres de terre, déterminée par la pente de la rampe du pont; et de suite le service du chemin, interrompu pendant cette construction, fut rétabli et n'a plus cessé depuis cette époque.

Deux mois environ après la confection des maçonneries, on déblaya les terres comprises dans le vide de la voûte entre les pieds-droits; et les parements, mis à découvert, apparurent parfaitement droits et sans flaches, tels qu'ils sont encore, après 18 mois de leur construction.

CHAPITRE TROISIÈME.

C'est en vue de l'emploi du béton dans la construction des grandes voûtes, que je me mis à la recherche d'un nouveau mode de cintrement, à l'effet de remédier à certains inconvénients que devaient présenter les cintres ordinaires en charpente. Ceux-ci, comme le savent tous les constructeurs, sont soumis à des changements de forme, légers à la vérité, soit en se relevant au sommet par le poids des maçonneries posées aux naissances, soit en reprenant leur position primitive lorsque la charge se trouve placée à la clef; mais ces changements de forme, s'ils ne sont pas préjudiciables à la stabilité des voûtes faites en pierre ou en briques, pourraient avoir des résultats facheux pour des voûtes en *béton*, parce que dans ces divers mouvements la cohésion intime des mortiers serait interrompue. D'un autre côté, pour des voûtes faites en béton, les cintres doivent nécessairement rester plus long-temps en place, pour donner à cette maçonnerie le temps de faire prise; et dans ce cas, des cintres en charpente pourraient gêner la navigation des rivières, comme aussi ils courraient grand risque d'être emportés par les eaux, lorsque, dans leurs débordements, elles entraînent des arbres ou autres corps flottants qui viendraient se mettre en travers de la charpente, former obstacle au libre cours des eaux, et rendre très-puissante leur action destructive. Il fallait, enfin, trouver un système de cintres plus économique que les cintres ordinaires en charpente, dont le prix est généralement assez considérable, dans les localités surtout où les bois sont rares et d'un prix élevé.

Le système de cintre que j'ai imaginé, et dont j'ai fait usage pour la construction de la voûte du pont de Grisolles, résout parfaitement toutes les difficultés que je viens d'énumérer. Il n'est sujet à aucun affaissement, tant soit peu sensible, soit pendant, soit après la confection de la voûte : il ne peut gêner en aucune manière la navigation des rivières ou canaux, et non plus le libre passage des eaux, même pendant les fortes crues; sous le rapport de la dépense, il offre de grandes économies que l'on peut évaluer, sans exagération, aux trois quarts du prix des cintres ordinaires en charpente.

Le bénéfice de cette invention m'ayant été assuré par ordonnance royale du 9 septembre 1840, je vais entrer dans quelques détails sur le système de construction de ce mode nouveau de cintrement des voûtes : j'indiquerai l'espèce et la forme des matériaux à employer, ainsi que les procédés à suivre pour leur mise en place.

Tout le secret de cette construction consiste à remplacer la charpente qui sert à former les cintres des voûtes, par plusieurs assises de briques superposées à plat, appuyées aux naissances sur un encorbellement en maçonnerie liée aux massifs des pieds-droits ou culées : ces briques étant maçonnées en plâtre et mortier hydraulique ou ciment.

L'usage des voûtes en briques posées à plat n'est pas une chose nouvelle, je le sais bien : ce genre de construction est employé de temps immémorial pour des arcs de cloitre, des voûtes d'église, etc. Si votre invention n'est pas chose nouvelle, à quoi bon un brevet, me dira-t-on, peut-être? Sans doute un brevet serait inutile s'il ne s'agissait que de reproduire exactement un travail déjà connu; mais ici c'est plus que cela : il s'agit *d'une combinaison ou application, par laquelle on obtient, de procédés déjà connus, des résultats nouveaux et inconnus.* Or, si le système de voûtes en briques posées à plat était déjà connu, personne, que je sache, n'avait encore eu l'idée d'en faire usage en remplacement des cintres en charpente pour la construction des voûtes en maçonnerie : c'est donc bien réellement *un résultat nouveau et inconnu.* Je donne ces explications à ceux-là qui seraient tentés de contester la validité de mon brevet.

Les voûtes en briques à plat peuvent supporter un poids très-considérable : cette résistance est en raison du nombre d'assises de briques dont ces sortes de voûtes sont composées. En parlant de ce genre d'ouvrage, Rondelet (1) rapporte plusieurs expériences qui ont été faites pour déterminer la solidité de ces voûtes, et il en conclut qu'elles peuvent résister à de très-fortes charges sans se rompre.

Une épreuve décisive a été faite, en 1834, à Vassy, près Avallon (Yonne), sur une voûte mince composée de deux rangs de briques posées à plat et liées entre elles par un mortier formé de deux parties de chaux et de trois de sable. L'épaisseur de cette voûte n'était que de 0,12 centimètres, y compris deux enduits, l'un inférieur, l'autre supérieur : l'ouverture de la voûte ou corde était de 9 mètres, et la flèche de 1 mètre 87 centimètres, de sorte que le surbaissement était compris entre 1/4 et 1/5. Cette voûte, ainsi construite, fut chargée de sable, puis de moellons, pour essayer de la rompre : les pierres, posées d'abord avec précaution, furent bientôt jetées avec force, et la hauteur de la charge atteignit bientôt les bords supérieurs des parois de la caisse qui servait à la maintenir, sans que la voûte éprouvât le moindre indice d'affaissement. Cependant la charge était de 3,029 kilog. par mètre carré. Cette épreuve avait été faite dans le but de prouver l'excellente qualité du ciment de Vassy, qui rivalise en bonté avec celui que l'on exploite à Pouilly, dans la Côte-d'Or.

En comparant ce résultat avec celui obtenu au pont de Grisolles, on trouve que la voûte en briques qui a servi de cintre à la construction de ce pont, eût pu supporter une charge six à

(1) Traité de l'art de bâtir, tom. II, p. 283 et suiv., édition de 1828.

sept fois plus considérable : cela est facile à comprendre. La maçonnerie de la voûte du pont de Grisolles se composait de 100 mètres cubes de béton, qui représentent un poids total de 220 milles kilogrammes, à raison de 2,200 kilogrammes par mètre cube : la superficie du cintre étant de 78 mètres carrés, il en résulte que la charge totale, répartie sur cette surface, a été de 2,820 kilogrammes par mètre carré. On le voit, il y a loin de ce résultat à celui obtenu par l'épreuve faite à Vassy ; et encore même cette dernière voûte n'était formée que de deux assises de briques, tandis que celle qui a servi de cintre au pont de Grisolles, était composé de quatre assises.

Venons en maintenant à l'explication de ce système de construction, à l'aide des figures 1, 2, 3, représentées dans la planche VI.

Pour la construction de la voûte en briques à plat, qui doit remplacer un cintre en charpente, il faut établir, aux naissances, des supports sur lesquels viennent reposer les premières briques : ces supports peuvent être faits en briques ou pierre de taille, dont une partie k, fig. 1, reste liée dans le massif, de la culée, et l'autre, placée en saillie, est tranchée sur l'aplomb du parement, après la construction de la voûte en maçonnerie, et la démolition du cintre en briques : ces points d'appui doivent être établis exactement de niveau d'une tête à l'autre de la voûte.

La forme la plus convenable à donner à ces sortes de voûtes, est celle en arc de cercle ou en portion d'arc de cercle. Pour suivre cette forme, quelle que soit la longueur de la voûte, on se servira de légers cintres en planches doubles, placés à des distances de 3 à 4 mètres, supportés par des poteaux et sablières $a\,b$, fig. 1, et reliés par des liteaux ou entretoises $g\,g$, afin de les maintenir fixes et d'aplomb. Le principal objet de ces cintres est de servir de guide aux plâtiers pour la construction de la première assise inférieure ; leur pose doit être calculée de manière à tenir compte de l'épaisseur à donner à la voute en briques, dont le dessus devra former l'intrados de la voûte en maçonnerie.

Les dimensions des briques à employer pour cette construction, peuvent varier selon le diamètre des voûtes ; elles devront toujours être en rapport avec l'étendue de ce diamètre. Mais, dans aucun cas, ces dimensions n'excèderont 0,40 ͨ de longueur sur 0,20 de largeur pour les grandes voûtes, et ne seront moindres de 0,20 de longueur, sur 0, 10 de largeur, pour les petites voûtes : l'épaisseur de ces briques pourra varier de 5 à 6 centimètres.

Ces briques devront être de bonne qualité et bien cuites; celles de marne seront préférables. On observera qu'elles soient dégauchies, et que leurs joints soient exactement parallèles : il faudra veiller aussi à ce que toutes les briques, d'une même assise, soient d'une égale épaisseur. Ces conditions sont fort essentielles dans l'intérêt de la solidité et de la bonne exécution de ces sortes d'ouvrages : leur importance sera, sans doute, appréciée par les constructeurs tant soit peu clairvoyants.

Le nombre des assises de briques devra être toujours en rapport avec l'ouverture de ces sortes de voûtes et le poids qu'elles sont destinées à supporter. Nous avons vu que deux assises de briques avaient résisté, sans le moindre accident, à une charge de 3,029 kilog. par mètre carré, pour une voûte de 9 mètres de diamètre. Or, ce poids correspond à peu-près à 1 mètre 30 centimètres cubes de maçonnerie par mètre carré de voûte; et si l'on remarque que cette quantité de maçonnerie n'est jamais nécessaire pour des voûtes ayant cette ouverture, on demeurera, sans doute, convaincu de la suffisance de ces deux assises dans ce cas.

Au pont de Grisolles, où l'épaisseur de la maçonnerie à la clef a été de 0,90 centimètres, arrasée ensuite sur les reins d'après une pente de 6 centimètres par mètre, le poids n'a été que de 2,820 kilog., ainsi qu'on l'a déjà vu, pour un diamètre de 12 mètres. En construisant le cintre à quatre assises de briques, la résistance a été plus que sextuplée : il eût donc été possible de n'employer que trois ou même deux assises de briques; mais la prudence m'avait engagé à prendre, à cet égard, un excès de précautions afin de n'avoir aucune crainte sur le succès de mon essai.

D'après ce qui vient d'être dit, on peut établir : 1.° que pour des voûtes de 1 à 8 mètres d'ouverture, deux assises de briques doivent être suffisantes; 2.° que pour celles de 8 à 12 mètres, il faudra trois assises; 3.° que pour des ouvertures de 12 à 18 mètres, quatre assises suffiront; 4.° enfin, que cinq assises résisteront parfaitement au poids des maçonneries de voûtes ayant de 18 à 25 mètres d'ouverture.

Les briques des assises inférieures seront toujours maçonnées en plâtre de bonne qualité : celles des assises supérieures devront être posées avec du mortier de chaux éminemment hydraulique ou ciment. L'emploi du mortier, pour ces dernières assises, est nécessaire pour éviter que l'humidité des maçonneries de la voûte ne vienne ramollir le plâtre des assises inférieures, et en altérer la solidité. On observera attentivement que les briques soient bien garnies de plâtre ou mortier dans les lits et les joints, afin que la cohésion soit parfaite et également répartie dans toute l'étendue de cette espèce de voûte.

Après la confection de ce nouveau cintre, on devra recouvrir la face supérieure d'une couche de mortier de terre argileuse compacte, de 2 à 3 centimètres d'épaisseur, ayant pour objet, non-seulement de régulariser, avec le plus d'exactitude possible, la courbure du cintre, mais encore d'éviter que les mortiers des bétons ou autres maçonneries du corps de la voûte ne viennent faire prise avec les briques de l'assise supérieure.

Les fig. 1 et 2, de la planche VI, indiquent de quelle manière doivent être disposés les cintres en planches doubles, et les diverses pièces qui servent à les maintenir à leur place. La fig. 1, représente la coupe d'une demi-voûte terminée, ainsi que du cintre en briques avant sa démolition. La fig. 2, fait voir la coupe prise longitudinalement à la clef de la voûte : le cintre en briques *h*, y est représenté en partie terminé : l'autre portion de la coupe indique la forme de la voûte en maçonnerie après sa confection, et la démolition du cintre.

Le mécanisme de la construction des voûtes en briques plates, est généralement connu de ceux qui s'occupent de l'art de bâtir, et l'on sait avec quelle facilité les ouvriers peuvent construire des voûtes de cette espèce. Toutefois, il ne sera pas inutile d'entrer ici dans quelques détails à cet égard.

J'ai exposé, dans la fig. 3, le système d'agencement des briques, pour qu'elles puissent se soutenir réciproquement sans le secours de cintres en bois, par la seule force d'adhérence du plâtre dans les joints. On conçoit, en effet, que si en commençant la construction on a le soin de placer alternativement une brique entière et une demi-brique en suivant la courbe de l'arc, il se forme des redans, ayant en profondeur la longueur d'une demi-brique; et l'on conçoit également que si l'on vient loger dans ces redans *c c*, de nouvelles briques *b b b*, la force du plâtre doive les maintenir solides presque instantanément. C'est par suite de ce mécanisme, dont les plâtriers font usage pour la construction de ces sortes de voûtes, que l'on peut se dispenser de cintres en bois pour soutenir les briques pour les voûtes en berceau, quelle que soit leur étendue; mais en se servant, ainsi que je l'ai déjà dit, de légers cintres en planches doubles placés de distance en distance et liés par des liteaux, pour guider les ouvriers dans la pose des briques suivant la forme de la voûte, cela bien entendu, il suffira d'établir le cintre, placé au point où la voûte doit être commencée, assez solidement pour qu'il puisse supporter les premières briques de ce point de départ; car c'est là qu'il faut tout d'abord construire une portion de voûte jusqu'à la clef, sur une zone de trois ou quatre briques de longueur, pour servir de suite de soutien aux autres briques à placer en prolongement. Toute la difficulté consiste donc à bien construire cette portion de voûte; et certes cette difficulté n'est pas bien grande, pour peu que l'on veuille y faire attention.

En même temps que l'on construit la première assise inférieure, on peut poser les briques de la deuxième assise, en observant que les joints soient entrecoupés dans tous les sens, ainsi qu'on le voit marqué par des lignes ponctuées à la fig. 3. Il faut, pour cette assise, comme pour toutes les autres supérieures, que les plâtres ou mortiers ne soient pas ménagés, afin que les lits et joints en soient parfaitement garnis; il sera inutile de frapper les briques sur leur plat, la pression du bras doit suffire; mais on les frappera légèrement au marteau, sur les bords, pour qu'elles s'adaptent parfaitement à tous les joints. Si la voûte en construction est composée seulement de deux assises, la première sera maçonnée en plâtre, et la seconde en mortier hydraulique ou ciment; si elle doit être formée de trois assises, les deux premières pourront être maçonnées en plâtre, et la troisième en mortier : et ainsi de même pour tel nombre d'assises dont une voûte devrait être composée. J'ai expliqué le motif pour lequel il y a nécessité de maçonner en mortier hydraulique ou ciment l'assise supérieure de ces sortes de voûtes destinées à servir de cintre pour la construction de voûtes en maçonnerie. J'ai dit également qu'il était pour ainsi dire indispensable de poser une couche de mortier de terre sur la dernière assise, pour éviter qu'elle soit en contact immédiat avec la maçonnerie de la voûte.

L'opération du décintrement est non moins facile que celle de la construction : et si l'on y donne quelque peu de soins, on peut espérer de conserver entières la majeure partie des briques, qui pourront servir à d'autres usages. Il suffit, pour l'exécution de ce travail, de rompre les premières briques à la clef, assise par assise, et de les enlever une à une, en les détachant du plâtre ou du mortier, en suivant la marche inverse adoptée pour la construction, c'est-à-dire en détachant les briques en partant de la clef et se dirigeànt vers les naissances. On peut se servir, pour ce travail, des mêmes échafaudages qui ont servi à la construction; on fera tout aussi bien, pour les cintres des voûtes de pont, d'employer un échafaudage volant, suspendu au moyen de cordages entre les deux têtes, que l'on fera mouvoir au fur et à mesure de la démolition, de telle sorte que les ouvriers soient toujours à portée de la voûte.

Dans quelques circonstances, il peut être inutile de démolir la voûte en briques qui aura servi de cintre : c'est dans le cas de construction de voûtes souterraines, voûtes de cave, casemates, aqueducs, etc. Alors ces ouvrages pourront être faits ainsi que l'indique la fig. 4, et les briques resteront indéfiniment liées au corps de la maçonnerie de ces voûtes. En adoptant ce système, l'épaisseur de la maçonnerie des voûtes pourra être diminuée d'autant que comportera celle donnée aux assises des briques. Il sera bon, pour cela, de ne maçonner en plâtre que la seule assise inférieure, et, après la construction, de gratter le plâtre des joints de cette assise, et de le remplacer par un rejointoiement en bon mortier hydraulique ou ciment.

PLANCHE II.

Fig. 1. Système de construction de murs en béton.

    a Planches formant les encaissements, reliées par les moises *b*, et maintenues par les boulons.

    b Moises servant à relier les planches.

    c Poignées en fer, servant à soulever les banches.

    d Battoir.

    e Parement vu en béton après l'enlèvement des banches.

    f Trous des boulons dans le béton, que l'on bouche après la construction.

    g Béton formant les murs.

Fig. 2. Système de réunion des banches.

    a Boulon en fer, de 0,03 de diamètre.

    b Ecroue en fer.

    c Tête du boulon.

    d Planches dont sont formées les banches.

Fig. 3. Partie de banche, vue de face.

    a Boulon en fer.

    b Moise.

Fig. 4. Battoir pour massiver le béton.

Fig. 5. Poignées en fer à adapter aux banches.

PLANCHE III.

Fig. 1, 2 et 3. Détail du manège à faire le mortier.

    a Massif en maçonnerie.

    b Chambre des mortiers.

    c Poteau en bois.

    d Plan incliné par où s'écoulent les mortiers, en soulevant la trappe placée à ce point de la cuvette.

    e Cuvette dans laquelle les matières sont broyées au passage des roues.

f Roues de charrette adaptées à l'arbre horizontal (1).

g Arbre horizontal au bout duquel est attelé un cheval pour faire mouvoir le manège.

Fig. 4. **Autre système de construction de murs en béton.**

a Cloisons en briques formant les parements, que l'on enlève après que les bétons ont durci (2).

b Autres cloisons intérieures qui doivent rester enveloppées dans les bétons.

c Assises de briques horizontales.

d Parements vus en bétou après l'enlèvement des briques.

Fig. 5. **Construction des murs de soutènement.**

a Retraite en briques.

b Assises horizontales de briques qui doivent rester dans les massifs de béton.

d Cloisons de briques formant le parement, que l'on enlève lorsque les bétons ont fait prise.

d Cloisons intérieures formant les compartiments.

e Planche que l'on soulève à mesure que le parement intérieur est garni en terre.

f Massif en béton.

Fig. 6. **Même construction que Fig. 5.**

a Parement vu en béton après l'enlèvement de la cloison.

b Assises horizontales de briques.

(1) Le manège peut être composé de trois roues : dans ce cas, on doit placer un arbre perpendiculairement à celui g, et l'on adapte au côté opposé à cette troisième roue, un système de herses pour racler les mortiers des faces et du fond de la cuvette. La largeur du fond de la cuvette devra être au moins égale à la largeur totale des jantes des roues, quel qu'en soit le nombre.

(2) Les dimensions les plus convenables pour des briques employées à cet usage, sont de 30 centimètres de longueur, 20 centimètres de largeur, et de 4 à 5 centimètres d'épaisseur. On peut ainsi, au moyen de trois briques de hauteur et quatre en longueur, former des assises de pierre factice régulières, de 1 mètre 20 centimètres de longueur, sur 0 mètre 60 centimètres de hauteur. En général, les cloisons seront d'autant plus solides, que les briques se rapprocheront le plus des dimensions sus-indiquées, sans les dépasser. Il faut agir avec précaution pour le pilonnage des bétons dans ces encaissements; pour bien garnir les parements, on fera usage d'une spatule en bois, ayant la forme d'un petit aviron.

c Cloisons formant le parement.
d Cloisons intérieures.
e Planche mobile à placer du côté des terres.
f Massif en béton.

PLANCHE IV.

Fig. 1. Vue d'un aqueduc ou voûte souterraine quelconque, dont les terres doivent servir de cintre, et former les parements des pieds-droits. Cette figure représente les fouilles terminées et la voûte façonnée.

a Vide des fouilles effectuées.

b Terres conservées pendant la construction des maçonneries.

Fig. 2. Vue du même aqueduc ou voûte souterraine, au moment où la pose des bétons est commencée.

a Bétons déjà mis en place.

b Terres conservées.

Fig. 3. Vue de l'aqueduc terminé : le côté droit de la figure représente le parement de tête; le côté gauche donne la coupe.

a Ouverture de l'aqueduc, deblayé des terres qui servaient à la construction de la voûte et des parements des pieds-droits.

b Bandeau en briques ou pierres de taille.

c Parement vu en béton.

d Massif en béton.

e Parapets en maçonnerie quelconque.

Fig. 4. Coupe de la voûte en béton de la grande cave de Gaillac (Tarn), ayant 18 mètres de longueur sur 6 mètres de largeur.

Fig. 5. Voûtes de magasin avec jardin au-dessus, construites à Montauban, chez M. de Rapin-Thoiras.

a Voûte en cloison de briques ayant servi de cintre.

b Petits conduits servant à l'écoulement des eaux de suintement des terres.

c Sol du jardin sur les voûtes.

PLANCHE V.

DÉTAILS DU PONT CONSTRUIT SUR LE CANAL LATÉRAL A LA GARONNE,

A GRISOLLES.

Fig. 1. Elévation du pont.

Fig. 2. Coupe longitudinale.

Fig. 3. Coupe transversale.

Fig. 4. Plan des fondations.

Fig. 5. Plan du dessus du pont et de ses abords.

Fig. 6. Détail de construction du cintre en briques.

(Les mêmes lettres indiquent les mêmes objets dans toutes les figures.)

a Canal.

b Culée en béton.

c Massif de la voûte également en béton.

dd Banquettes de hallage

e Angle de pont du côté de la banquette, en pierres de taille.

f Arêtes ou bandeaux des têtes de la voûte, en maçonnerie de briques.

g Cintre en briques.

h Dessus du pont.

PLANCHE VI.

Fig. 1, 2. Nouveau système de cintres.

(Les mêmes lettres servent aux mêmes indications dans les deux figures.)

a Poteaux en bois.

b Sablières.

c Entraits légers.

d Coins de bois.

e Cintres en planches doubles, espacés de 3 mètres de milieu en milieu.

f Jambes de force en bois léger.

g Liernes horizontales entaillées dans les cintres.

h   Cloisons en briques formant le cintre principal.

k   Coussinets en briques ou pierre, formant saillie pour le support du cintre, et que l'on tranche sur l'aplomb de la culée, après la confection de la voûte et la démolition dudit cintre.

l   Tête de la voûte ou bandeau en briques ou pierres.

m   Massif en béton.

n   Vue de l'intrados de la voûte après le décintrement.

Fig. 3. Système d'agencement des briques.

aa   Briques posées.

bb   Briques avant leur mise en place, devant se loger dans les vides *cc*.

cc   Vides prêts à recevoir les briques *bb*.

dd   Disposition de l'assise supérieure, marquée par des lignes ponctuées : les joints coupés dans tous les sens ; et ainsi alternativement, quel que soit le nombre des assises.

Fig. 4. Système de voûtes en béton, le cintre de briques devant rester indéfiniment en place.

a   Cintre de briques formant l'intrados de la voûte.

b   Massif en béton.

Fig. 3.
Coupe sur A.B.
Fig. 4.
Fig. 5.
Fig. 6.
Fig. 2.
Élévation.
Fig. 7.
Fig. 8.
Fig. 1.
Fig. 9.
Fig. 10.
Plan.
a
b
c
d
e
A
B
Echelle des Fig.s 1 et 2.
0 1 2 3 4 5 6 7 8 9 10 Mètres.

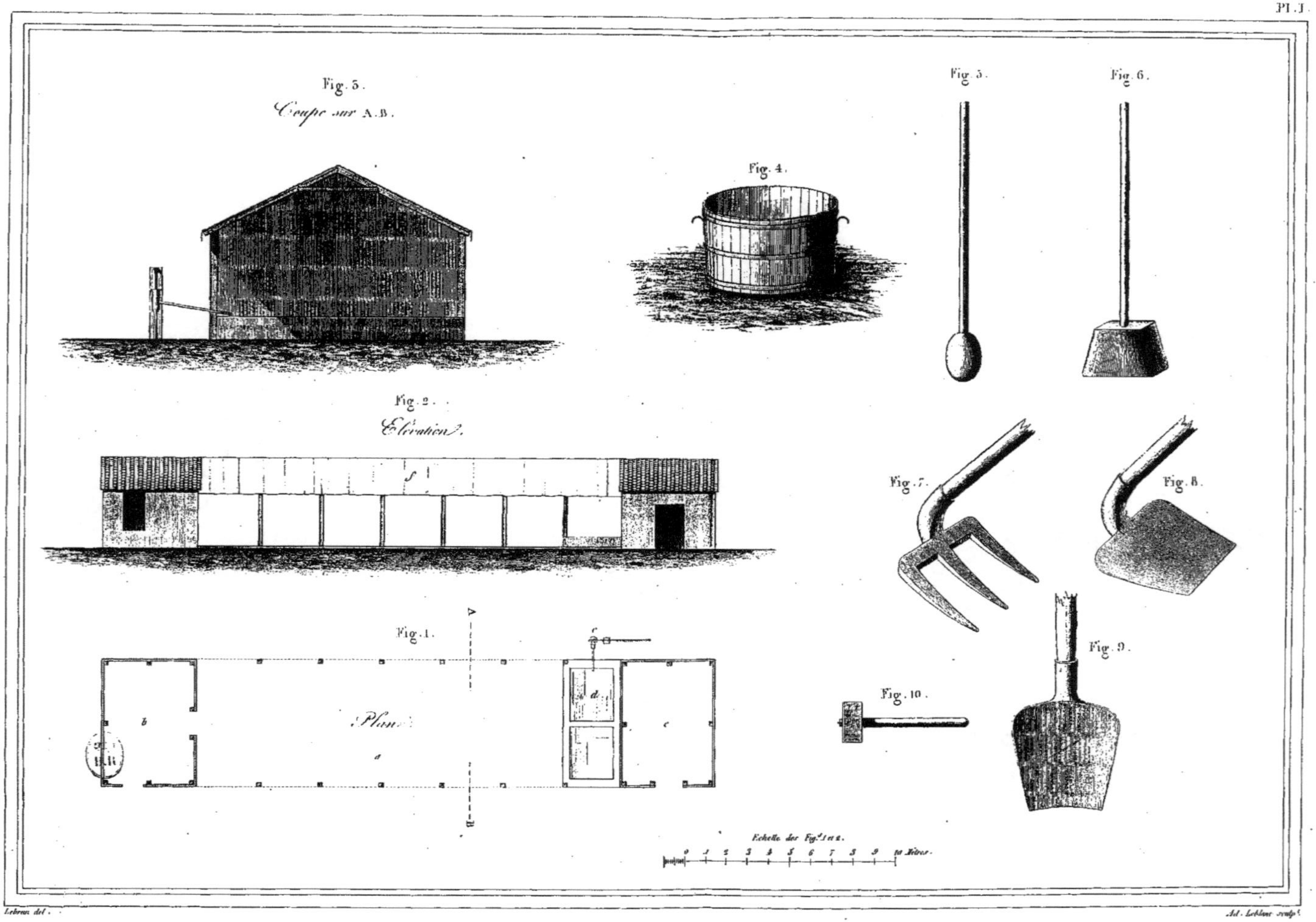

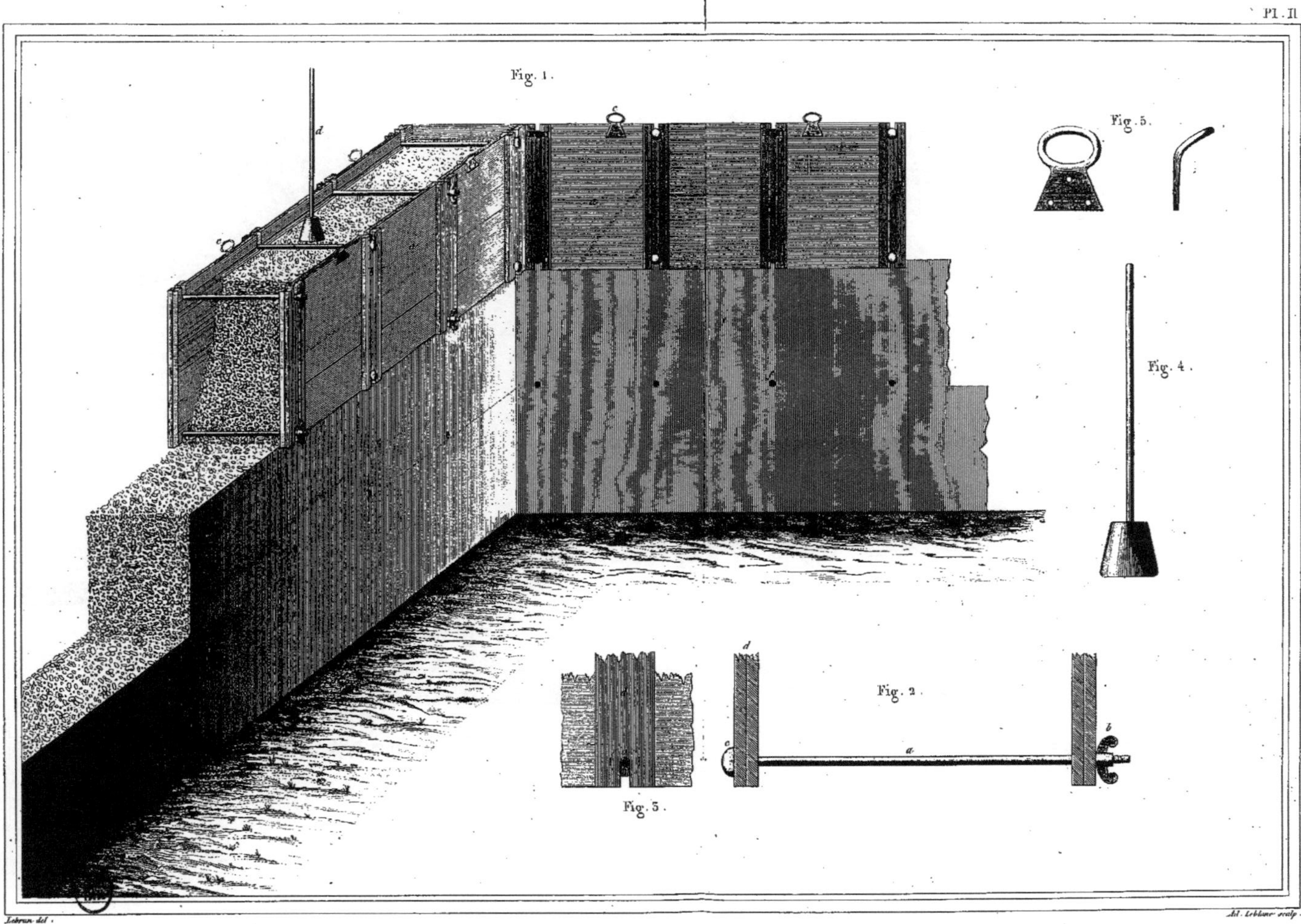

Fig. 1.
Fig. 5.
Fig. 4.
Fig. 2.
Fig. 3.
Lebrun del.
Ad. Lebbur sculp.

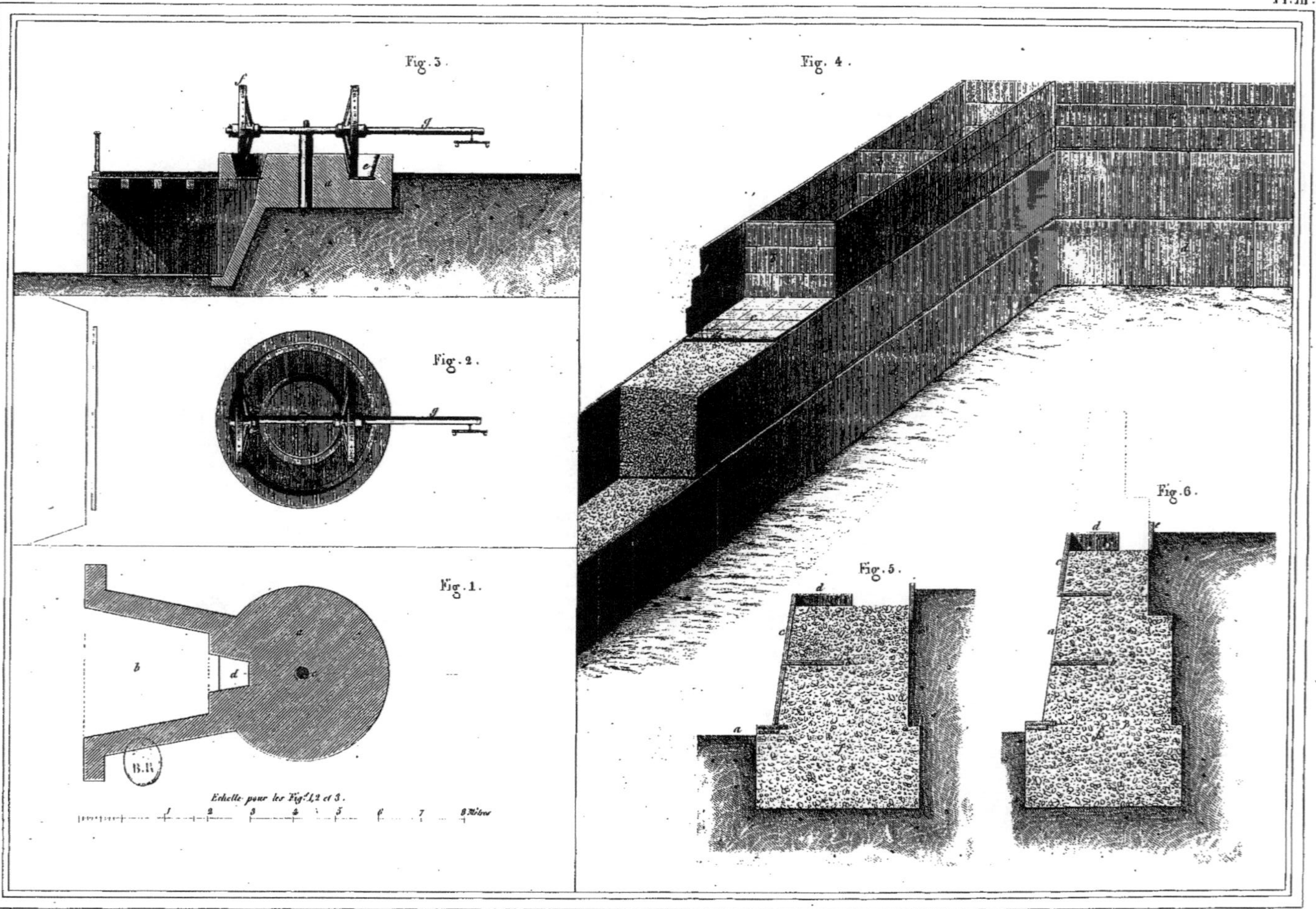

Pl. III.
Fig. 3.
Fig. 2.
Fig. 1.
Fig. 4.
Fig. 5.
Fig. 6.
Echelle pour les Fig.s 1, 2 et 3.
8 Mètres
Lebrun del.
Ad. Leblanc sculp.

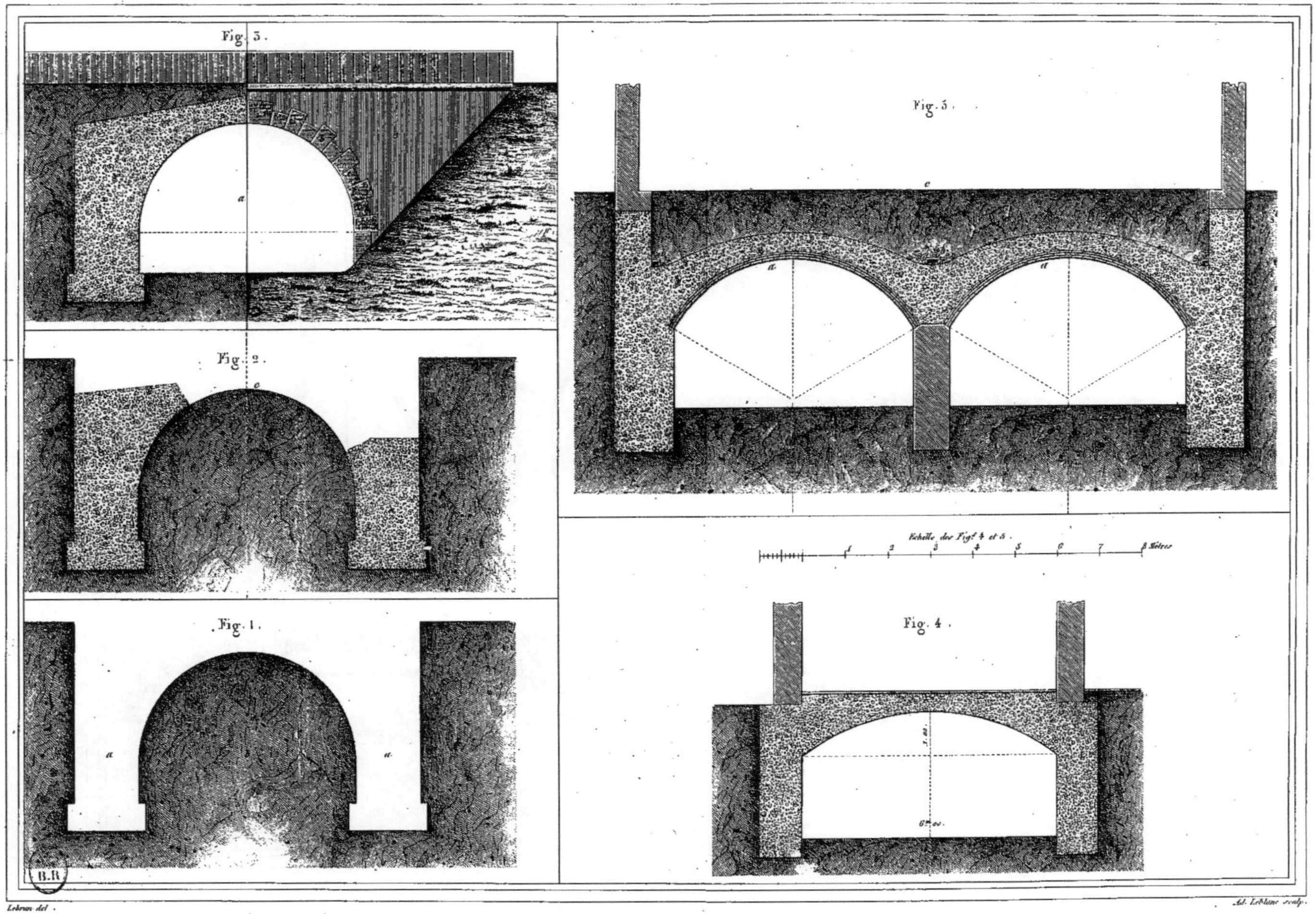

Pl. IV
Fig. 5.
Fig. 4.
Fig. 3.
Fig. 2.
Fig. 1.
Echelle des Fig. 4 et 5.
Métres
Ad. Lehlan sculp.
Lebrun del.

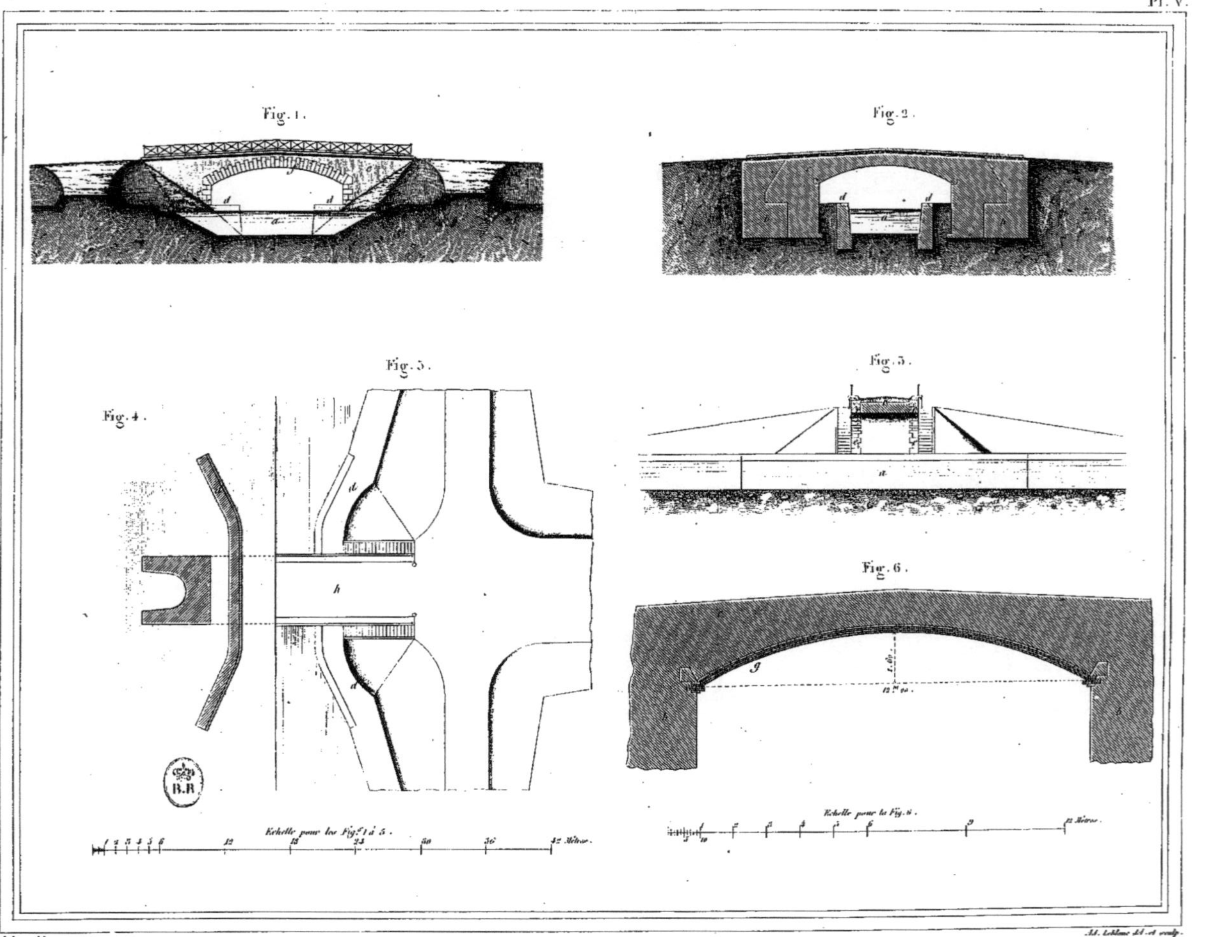

PONT EN BÉTON CONSTRUIT À GRISOLES, DÉP.T DE TARN ET GARONNE, SUR LE CANAL LATÉRAL À LA
GARONNE, PAR M.R LEBRUN, ARCHITECTE À MONTAUBAN.

Pl. VI
Fig. 4. 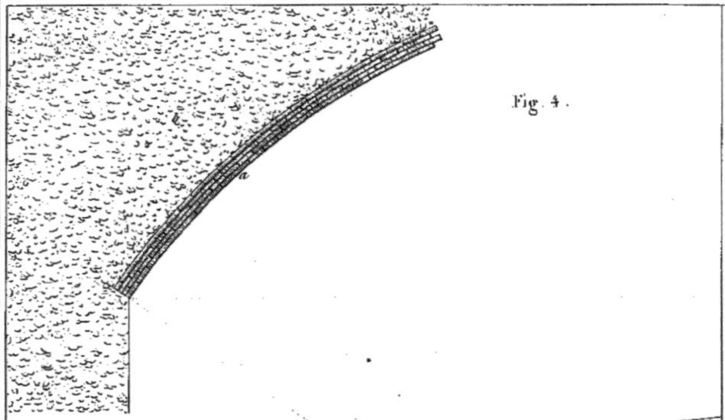 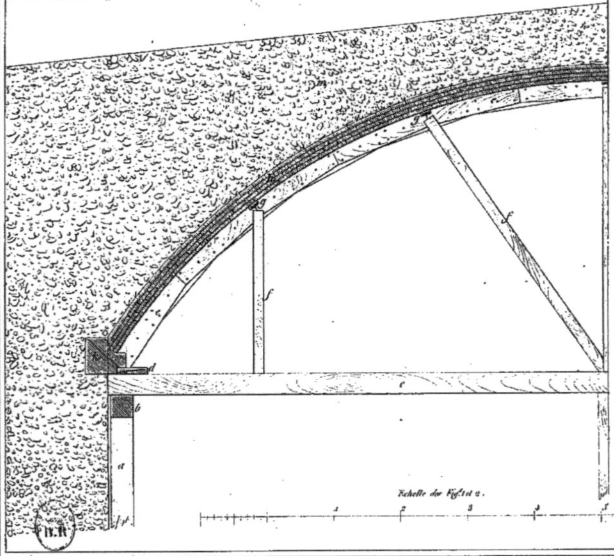
Fig. 3. 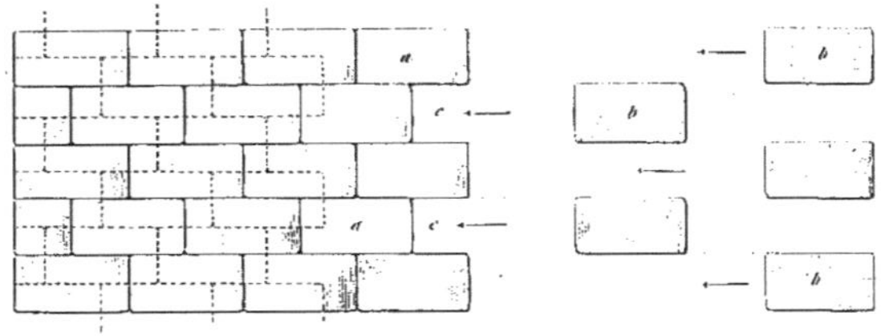
Fig. 2.
Échelle des Fig. 3 et 4.
6 mètres.
Zebrun del.
Ad. Leblanc sculp.

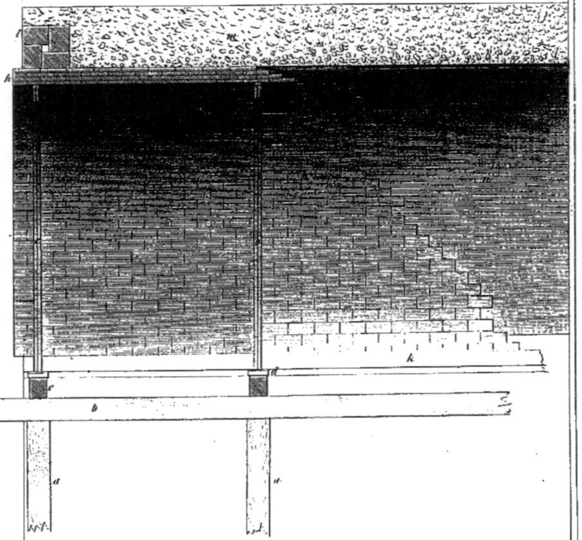

www.ingramcontent.com/pod-product-compliance
Ingram Content Group UK Ltd.
Pitfield, Milton Keynes, MK11 3LW, UK
UKHW022209120726
13694UKWH00002B/483